湖南省河湖长制工作创新案例汇编

湖南省河长制工作领导小组办公室
湖南日报新媒体发展有限公司　编

长江出版社

图书在版编目（CIP）数据

湖南省河湖长制工作创新案例汇编.2023 / 湖南省河长制工作领导小组办公室，湖南日报新媒体发展有限公司编. -- 武汉：长江出版社，2024.12. -- ISBN 978-7-5492-9967-6

Ⅰ.TV882.864

中国国家版本馆CIP数据核字第2024NN2116号

湖南省河湖长制工作创新案例汇编.2023
HUNANSHENGHEHUZHANGZHIGONGZUOCHUANGXIN'ANLIHUIBIAN.2023
湖南省河长制工作领导小组办公室　湖南日报新媒体发展有限公司　编

责任编辑：	郭利娜　许泽涛
装帧设计：	刘斯佳
出版发行：	长江出版社
地　　址：	武汉市江岸区解放大道1863号
邮　　编：	430010
网　　址：	https://www.cjpress.cn
电　　话：	027-82926557（总编室）
	027-82926806（市场营销部）
经　　销：	各地新华书店
印　　刷：	武汉市卓源印务有限公司
规　　格：	787mm×1092mm
开　　本：	16
印　　张：	11.25
字　　数：	250千字
版　　次：	2024年12月第1版
印　　次：	2024年12月第1次
书　　号：	ISBN 978-7-5492-9967-6
定　　价：	96.00元

（版权所有　翻版必究　印装有误　负责调换）

编委会

主　　任　朱东铁

副 主 任　袁侃夫

编　　委　汤灿飞　谢　石　钟艳红
　　　　　　刘东海　薛　勇

参编人员　肖　通　李小凡　周双全
　　　　　　潘文秀　张先登　汤凌云
　　　　　　蒋诗琪　郭　慧　唐　瑶
　　　　　　朱　萌　张恒恺

前　言

2023年，在湖南省委、省政府的坚强领导和水利部的精心指导下，各级河长办充分发挥统筹协调作用，持续创新实践，积极促进上下联动、部门协同。各级河湖长认真履职尽责，使得管护责任全面压实，河湖面貌持续改善，管护水平稳步提升，不断推动河湖长制向纵深发展。

在工作实践中，各地在完善河湖长制组织体系、强化河湖长履职尽责、压实河湖长责任、提升河长办履职能力、加强河湖管护与治理、强化部门区域协调联动、引导公众参与河湖管护、打造人民满意幸福河湖等方面积极探索创新，形成了一批可复制、可推广的典型经验做法。

为总结推广各地典型经验，营造相互借鉴、共同提高的良好工作氛围，自2024年6月起，湖南省河长制工作领导小组办公室（以下简称"湖南省河长办"）在全省范围内广泛征集河湖长制工作创新典型案例。各地对此高度重视，14个市州河长办、省市河委会成员单位踊跃报送优秀案例。

受湖南省河长办委托，湖南日报新媒体发展有限公司组织选编了一批典型案例，以供各级河湖长及从事河湖长制、河湖管理工作的人员借鉴参考。本书共遴选收录30篇案例，真实反映了各地深化河湖长制工作、强化河湖管护的实践成效，展示了在河湖长履职与责任落实、河长制考核及激励问责、流域统筹协调、区域联防联控、部门分工合作、基层河湖管护、智慧河湖建设、公众参与、幸福河湖建设、生态产品价值实现等方面的创新做法与典型经验，不仅是帮助各级河湖长提升履职能力的生动教材，也是各地强化河湖长制工作、高质量完成河湖管护任务的重要参考，为始终如一地落实河湖长制，持续推动江湖协同、河湖共治提供有益借鉴。

在案例编写过程中，湖南省河长办成员单位、各市州河长办和湖南省水利厅有关处室给予了大力支持配合，在此致以深切谢意。

编委会
2024年10月

目 录

河湖长履职与责任落实

石期河:"由乱到治"的蝶变
　　——东安县幸福河湖建设探索与实践　　/ 002

建设幸福河　共享慈姑美
　　——慈利县建设具有"奇峰秀水"特色的幸福河湖　　/ 007

巧转河长制魔方　绘就水彩攸州
　　——攸县推行"河长制 +"治水兴水的探索与实践　　/ 012

风景河长制　水美张家界
　　——张家界市扛牢治水管河政治责任　　/ 018

守好八百秀水　共护旅游经济
　　——张家界市武陵源区河长制工作创新典型案例剖析　　/ 023

河长制考核及激励问责

直面问题,擦亮监督"利剑"
　　——宁乡市常态化开展河湖"清四乱"行动　　/ 030

擦亮"监督镜"　缔造"幸福河"
　　——洪江市构建"河长 + 清廉建设"协作机制　　/ 037

让河长制"长牙带电"
　　——隆回县强化监督和问责机制　　/ 042

流域统筹协调

做好"水文章"　答好"生态卷"
　　——郴州市高质量推进西河流域综合治理　　　　　　　　　　/ 050

区域联防联治

协同立法　首开先河
　　——株洲市、萍乡市《萍水河—渌水流域协同保护条例》
　　　立法实践　　　　　　　　　　　　　　　　　　　　　　/ 057
湘鄂共治　"党建红"引领"碧水清"
　　——临湘市推进黄盖湖流域综合治理实践　　　　　　　　　/ 062

部门分工合作

创新审计技术方法　推动采砂规范管理
　　——湖南审计推动Y市整治违规采砂乱象　　　　　　　　　/ 067
"三类"船舶隐患全面清零
　　——湘潭市护航水上交通安全　　　　　　　　　　　　　　/ 072
"臭水沟"变"小清河"
　　——湘潭市"亮剑"黑臭水体治理　　　　　　　　　　　　/ 077
昔日"臭水塘"　今朝"美丽湖"
　　——冷水江市涟泥水库"变形记"　　　　　　　　　　　　/ 081
凝聚法治力量　建设"碧靓望城"
　　——长沙市望城区以法治思维管护河湖的探索实践　　　　　/ 089
六位一体　系统治理
　　——汉寿县西洞庭湖国际重要湿地生态修复模式　　　　　　/ 093

基层河湖管护

保洁"组合拳"打造河湖美画卷
　　——永兴县推进河湖保洁实践与探索　　　　　　　　　／ 099

智慧河湖建设

点多面广　站高望远
　　——铁塔视频监测为河湖长制装上"千里眼"　　　　　／ 105

公众参与

全民参与共治　绿水青山共享
　　——浏阳市全面开展河长制宣传教育"七进"工作　　　／ 111

幸福河湖建设

人水和谐　幸福涟源
　　——涟源市推进湄江幸福河湖建设　　　　　　　　　　／ 118

四季有花　全年有景
　　——长沙县松雅湖"双湖长制"探索与实践　　　　　　／ 123

一江碧水入城来　碧波荡漾绕潇湘
　　——永州市冷水滩区建设湘江幸福河的探索与实践　　　／ 129

天下洞庭　只此南湖
　　——岳阳市南湖新区建设幸福新南湖的探索　　　　　　／ 135

江河奔流　幸福源泉
　　——溆浦县推进沅水幸福河湖建设　　　　　　　　　　／ 141

点燃文旅发展新引擎
　　——郴州市苏仙区推进郴江幸福河湖建设探索实践　　　／ 146

再现"山水桃花江"美景

　　——桃江县桃花江幸福河湖建设实践　　　　　　　　　　/ 152

水美乡村　水润民心

　　——常宁市西塘水库建设美丽幸福河湖的实践　　　　　/ 157

生态产品价值实现

绿水青山就是金山银山

　　——凤凰县沱江生态与产业"共生"发展　　　　　　　　/ 163

好水景　好"钱"景

　　——炎陵县"河长制＋旅游"促生态变现　　　　　　　　/ 168

湖南省河湖长制 工作创新案例汇编

河湖长履职与责任落实

石期河："由乱到治"的蝶变

——东安县幸福河湖建设探索与实践

【导语】

石期河是湘江一级支流，发源于广西壮族自治区，河流流经永州市零陵区东湘桥后，进入东安县横塘镇，于石期市镇石市村汇入湘江。石期河全长77千米，流域总面积908.7平方千米，其中东安县境内17.8千米，流域面积90.9平方千米。

为将石期河打造成幸福美丽示范河，东安县以实施"221"工作法为抓手，对石期河实行综合治理，创建了样板河建设奖补机制和示范河建设评价机制，探索出"三治两管一宣"的示范河建设治水管水模式，有效解决了水污染问题，提高了行洪标准，营造出"一村一处一景观、一镇一河一风情、一域一江一风光"的美丽河湖新格局。如今，石期河已成为东安县一道靓丽的乡村风景线。

【主要做法】

（一）做实"221"工作法

1. 建立健全两个体系

一是河长责任体系。构建县、乡、村三级河长体系，制定示范河建设方案，压实样板河建设责任与任务。二是工作制度体系。建立问题发现与处置机制，依托"智慧河湖"平台，实现涉河问题从发现到处理的高效运作。建立河长制巡查、检查整改、河道保洁管护等相关工作制度，形成较为完备的工作制度体系。构建多部门联动机制，全面保障示范河建设工作的顺利开展。

2. 创建两个机制

一是创建样板河建设奖补机制。东安县财政每年划拨200万元用于样板河建设的奖补工作，引导社会民间资本积极参与，凝聚多方合力建设美丽河湖。二是创建示范河建设评价机制。东安县从责任体系、制度体系、基础工作、管护工作、空间管控、智慧河湖等多维指标入手，构建科学、合理的示范河建设评价机制，助力美丽河湖示范河建设。目前，已创建省级美丽河湖紫水河，市级样板河 6 处，县级样板河 17 处。

3. 形成一套档案

完整记录河道的位置、规模、水质、岸线、附属设施等基本情况。定期对河流进行健康"体检"，将"体检"评价情况纳入档案管理。档案涵盖"一河一策"的编制方案、责任体系、制度体系、基础工作、管护工作、空间管控、智慧河湖等七个方面示范河建设评价的基础资料。年末更新"一河一档"年度对比变化表，录制当年河流现状影像，制作当年河流现状图册，记录河流的点滴变化数据，以动静结合的档案直观反映河道日新月异的变化。

防洪基础设施对比情况

（二）夯实"三治两管一宣"的治水管水模式

1. 实行河道整治、流域联治、水岸同治齐头并进

一是河道整治。在石期河示范河建设中，坚持多措并举，有效整合中小河流治理、美丽乡村建设等项目政策资源，累计投入1100余万元，采取清淤疏浚、清障拆违、生态修复、岸坡整治、污水纳管等工程措施，共计清淤疏浚2.2千米，修建护坡护岸6.3千米，河岸绿化2210平方米，新建护栏255米、游步道1100米、道路960米，新修观景台1处，并配套建设文化公厕、实施亮化工程等基础设施，河道水质得到改善，水环境面貌得到大幅提升。同时，以河流的自然风光为基础，将水利工程、河湖长制元素与自然、人文元素有机融合，增强河道行洪能力，补齐防洪短板，打造集防洪、灌溉、农村饮水及休闲旅游、生态产业等功能于一体的示范河流。

二是流域联治。与广西壮族自治区全州县、湖南省永州市零陵区签订《石期河省界断面生态环境和资源保护跨区划协作机制框架协议》。双方达成协作共识，建立联席会议、信息共享、联合巡查等制度，有效解决"上下游不同步"问题。2022年投入5000余万元建成横塘镇、石期市镇2座污水处理厂并投入运行，对直排入河的污水进行收集处理。并对石期河示范河沿岸 1000 米范围内实行畜禽禁养，在石期河示范河流域共推动 3 家生猪养殖场退养。

三是水岸同治。针对水域岸线乱搭乱建等问题，石期市镇人民政府对石期河沿线违法违规的建筑物、构筑物展开全面摸排，坚决清存量、遏增量，依法依规拆除 27 户违建，总面积达 2980 平方米。结合人居环境整治，开展水域岸线环境"大扫除"活动，整治期间共清理垃圾 6.8 余吨，出动 280 余人次，重点抓好沿线垃圾杂草的清理整治工作，确保垃圾不入河，实现岸线更美、水质更优。完成石期河管理范围划定的基础工作，并建立"河长＋检察长"机制，通过"水岸同治"，确保两岸青山常在、绿水长流、空气常新。

河面治理前后对比情况

2. 实施巡河管河与智慧管护有机融合

一是巡河管河。落实河长制巡河制度，强化镇、村两级河长巡河履职。按照"镇级河长每月巡河不少于一次，每季度全覆盖一次；村级河长每周巡河不少于一次，每月全覆盖一次"的巡查频率进行河道巡查。巡查工作秉持水岸同查的原则，2022 年镇、村两级河长巡河共计 384 次。开展护河员日常巡查维护和清理保洁工作，全年巡查河道长度达 8837 千米，巡查水域面积达 185.4 平方千米，石期市镇人民政府每年划拨 10 万元用于石期河石期市镇段的保洁和流域绿化工作。

二是智慧管护。东安县投资 500 多万元建设"智慧河湖"平台，在全县 45 条河流设立 135 个监控点，运用现代化高科技手段对重要水域河段的水体水质、水位流量、岸线保护等动态信息进行实时监控。石期河依托"智慧河湖"平台，结合视频监控、无人机巡河，实现了河湖监管 24 小时"全感知、全智能、全计算、全生态"的智慧化管理。

3. 构建"治水管水"大宣教格局

多渠道、多形式、多举措加强"治水管水"宣传教育，致力构建大宣教格局。围绕治河主题，在充分发挥各级河长办大宣教主力军作用的同时，组织发动群众，让群众义务承担保护河流的重任，把"守护一江碧水""建设幸福河湖"作为广大群众的目标。同时，积极开展河长制宣传进校园、进社区、进机关等各种宣教活动，突出"保护母亲河 争当河小青"等主题，通过学校带动学生、学生带动家庭、家庭带动社会的方式，让全社会深入了解河长制工作，努力构建"水清、岸绿、景美、安全宜人"的河湖水生态环境，在全县营造出"政府牵头、全民参与"的河流保护大宣教格局。2022年，东安县独特的河道保洁宣传形式，创作了河道保洁《治"水"兴"利"美家园》快板剧，在全县"村村响"广播循环播放，并入选水利部"守护幸福河湖"短视频大赛。2023年1月，东安县"治水兴利 情系吾乡"我与水的故事讲演党日活动取得了明显成效，全面深化美丽河湖大宣传，让"惜水爱水护水管水"深入人心。

水质水体对比情况

【经验启示】

（一）样板河建设，需要以奖补机制引导全社会广泛参与河湖管护

正是构建了奖补机制，东安县才有效汇聚起多方力量建设美丽河湖，营造出全社会一体推进流域水安全、水生态、水环境、水文化、水治理等高质量保护与治理的大格局。

（二）示范河建设，需要以评价机制构建河湖健康管护"晴雨表"

东安县的示范河建设评价机制，有效助力乡村旅游、生态产业、综合生态体验、休闲文化体验、旅游服务等多业态协同融合，彰显了人与自然和谐共生的理念，夯实了美丽河湖可持续建设的基础。

（三）示范河建设，需要营造全社会"爱河管河治河"大格局

东安县推行"三治两管一宣"，妥善处理好保护与开发、除害与兴利、需要与可能等关系。把景观建设和环境保护设施建设、河流上下游、左右岸、干支流治理结合起来，有效解决了水污染问题，补齐了保洁短板，提升了水质，改善了生态环境。

（四）示范河建设，还能够有效提供水利高质量发展新途径

凭借"一河碧水之美，两岸生态之优"的流域治理综合效应，东安县曾经的"水患之河"，如今已成当下的"生态之河""发展之河""幸福之河"。石期河石期市镇段幸福河湖建设，让石期河流域良好的生态成为石期市镇最普惠的民生福祉，为东安县乃至全省建设幸福河湖、提升生态文明建设水平提供了示范样本。

（东安县河长办、水利局供稿，执笔人：易年荣、唐少华）

建设幸福河　共享慈姑美

——慈利县建设具有"奇峰秀水"特色的幸福河湖

【导语】

慈利古称"慈姑",地处湖南省西北部,是张家界的"东大门"。全县辖24个乡镇、2个街道,共427个村(居),总人口达67万,土地面积3480平方千米,境内主要有溇水、澧水两大水系,水域面积共计116平方千米,约占总面积的3.3%。全县纳入河长制管理的河流有103条,上型水库有108座。

慈利县通过山水林田库一体化保护与治理,全力推进澧水、溇水慈利河段,零溪河等河流的治理工程建设,打造了城区沿河大道、放马洲景观公园、红岩岭地质公园、零溪河网红打卡地、江垭溇江风景区等一批景观河段。在提升"水颜值"、大做"水文章"方面下足功夫,多措并举推进幸福河库建设,成功创建27条幸福河流,为实现"美丽、富裕、宜居、幸福、和谐"的多彩慈利,注入了生机与活力。2023年,慈利县零溪河荣获全省"幸福河湖"称号。

【主要做法】

(一)建立三个体系,拧紧幸福河库建设"责任链"

1. 建立组织体系

慈利县始终坚持高位推动,不断织密织牢河长制责任网,明确县委书记、县长担任"双总河长",县纪委书记、县监委主任担任督察长。在全县范围内共明确县级河长15名、乡级河长101名、村级河长354名,以及15个县直单位作为县级河长责任联系单位。至此,全面形成"守河有责、守河担责、守河尽责"的工作格局。

2. 建立责任体系

全面推行河长述职制度,细化落实县、乡、村三级河长的责任分工、任务清单和考评办法。将河长制工作纳入党组织领导体系,充分发挥党建工作的核心优势,构建起党组织引领、党员带头、群众志愿者参与的治水模式。

3. 建立保障体系

慈利县财政每年为慈利县河长办划拨 50 万元工作经费，同时为每个村（居）拨付 0.8 万~1 万元的河道保洁经费，以此保障全县河长制工作的正常运行。通过建立三个体系，有力夯实了河长制的基层基础工作，实现了河长制从"有名"到"有实"、从"全面建立"到"全面见效"的目标。县、乡、

慈利县委书记、县总河长到澧水慈利县城区河段巡河，现场调研放马洲滨水公园建设及河道管护情况

村三级河长不断强化河流巡查和保护工作，统筹推进水资源保护、水域岸线管理、水污染防治、水环境治理、水生态修复等工作，全力打造河畅、水清、岸绿、景美、人和的幸福河库。

（二）健全三项机制，用活幸福河库建设"助推器"

1. 健全运行机制

慈利县积极探索并健全"河长＋警长＋四员"工作运行机制，为每条河流配备河长、警长和四员（巡河员、护河员、河道保洁员、水政执法监察员），相关信息并在慈利县人民政府官方网站公示公告，以此压实责任、明确任务，构建"党政主导、河长主抓、部门联动、乡村落实"的工作推进机制。

2. 健全协作机制

有效推行"河长＋警长＋检察长"司法衔接机制，明确警长、检察长专抓重点河流、重点水库的工作，实现河库监管与司法监督的无缝对接。

3. 健全考核机制

建立"河长办＋督查室＋考核办"三线督办考核机制，将河长制工作纳入县委、县政府年度绩效考核内容，为建设

慈利县河小青行动中心志愿者开展"当好志愿者，守护母亲河"活动

幸福河库提供了有力保障。

通过健全三项机制，构建起"一办（河长办）、两室（公安警务室、检察联络室）、三长（河长、警长、检察长）、四员"工作运行机制，形成了共建共治共享的良好格局。2023年，慈利县地表水质稳定保持在Ⅱ类标准以上。大鲵（娃娃鱼）、白鹭等珍稀野生生物数量越来越多，境内的赵家垭水库中多次发现俗称"水中大熊猫"的"桃花水母"，其出现是对慈利县幸福河库建设成效最有力的肯定。

（三）实施三大行动，跑出幸福河库建设"加速度"

1. 强管护，实施河流水域空间管控行动

在完成水利普查内河流划界任务的基础上，高质量完成杜家溪等5条流域面积在50平方千米以下河流的管理范围划定、岸线保护与利用规划，以及"一河一策"方案的编制工作，同时完成零溪河等6条河流划界成果的调整工作。以河库"清四乱"和水利部卫星遥测问题图斑的核查整改为着手点，推动跨界河流的联防联管联治，充分发挥"河长+警长+检察长"联动机制作用，累计发现并整改问题153个，拆除涉河违法建筑16处，共计3250平方米，大批顽瘴痼疾得到根本性解决。与此同时，结合幸福河库建设，全力推进智慧河库信息系统建设，建立集河库场景孪生、河库划界、河库水位监测、雨水情测报、视频监控等功能于一体的数字化水利监管平台，实现水利行业监管从"传统化"向"现代化"的跨越。

2. 强治理，实施水污染防治行动

投入6587万元，完成三官寺等两个乡镇污水处理厂、双安等两个污水处理厂提质改造，以及乡镇、集镇、街道雨污分流设施建设。深入开展入河排污口的整治工作，设立入河排污口管护公示牌，完成溇水、澧水26个入河排污口的整改工作。积极推进农药减量增效和畜禽粪污综合利用工作，回收处置废弃农药包装废弃物60余吨，回收处置率达90.2%，畜禽粪污综合利用率达84%。

澧水岩泊渡片区治理工程实施后

澧水红岩岭地质公园河段全景

3. 强修复，实施水生态修复行动

坚持"生态立县"发展定位不动摇，投入2.4亿元，统筹推进山水林田湖草沙系统治理，完成城北堤防、城南防洪保护圈闭合工程，以及零溪河慈利县治理工程（三期）、石厂河慈利县治理工程（二期）、芭茅溪清洁小流域治理工程、澧水岩泊渡片区治理工程和溇水象市片区治理工程等建设。同时，紧紧围绕"一县一示范""一乡一亮点"的目标，共创建幸福河库27条。建成了15个生态文明示范乡镇、39个示范村，打造了1320个美丽庭院示范户，境内河流水域环境明显改善。

【经验启示】

（一）抓好河库治理，组织到位是前提

必须充分发挥河长制平台作用，通过建强组织、建实机构，高位谋划、高位推动，促使河长制工作走深走实。要补齐行政区域交错、部门职责交叉等短板，进一步厘清水利、环保、城管、自然资源、住建、交通、林业、农业农村等部门的职责任务，采用"拉条挂账、挂图作战"的方法，有效打通资源配置和协同调度的痛点堵点，为河库生态治理提供坚实的组织保障。

（二）修复生态环境，系统治理是关键

紧紧围绕"河畅、水清、岸绿、景美、人和"的目标，以全面创新河库管护机制为重点，压实河长责任体系，实现"治好河"；建立"河长+田长+林长+警长+检察长"工

作运行机制，实现"管好河"；坚持问题导向、目标导向、结果导向，强化联防联控、执法联动和问题整治，实现"护好河"。持续推进河库"清四乱"常态化、规范化，组建河库管控"一张网"，开展河库问题"大整治"，变"突击治标"为"长效治本"。

（三）打造幸福河库，资金整合是保障

要牢牢抓住国家实施"江河战略"、推进小微水体治理和增发国债的历史性机遇，运用政府投资、市场融资、社会筹资等多元化资金筹措模式，有效解决河库生态治理及幸福河建设资金不足的难题。尤其是在社会筹资方面，积极引导区域内和流域内企业共同参与河库流域生态环境治理及新型农业产业项目，树立生态理念和系统观念，将河库治理与乡村振兴综合考虑、统筹推进。在恢复河道行洪、泄洪功能的同时，提高水利设施的惠农作用，同步带动沿线生态带和特色产业带建设，实现幸福河库建设与乡村振兴战略同向发力、同频共振，凸显生态品牌效应和产业带动作用。

（慈利县河长办供稿，执笔人：唐新志）

巧转河长制魔方　绘就水彩攸州

——攸县推行"河长制+"治水兴水的探索与实践

【导语】

自2017年河长制实施以来，攸县以河长制为"龙头"，锚定"河畅、水清、岸绿、景美、人和"的目标，综合施策，聚焦顶层设计，着力攻克难点，探索实践出一条契合实际、成效显著、借势发力的治水兴水路径。不断丰富"河长制+"的内涵，为攸县的治水工作蹚出了一条社会联动、共治共管的新道路。经过近年来的不懈努力，河长制工作成效显著，绘就了一幅因水而美、因水而兴的"水彩攸州"新画卷，奏响了攸县"治水兴水"的时代行歌，勾勒出未来图景。

【主要做法】

（一）河长制+综合治理，实现水清岸绿景美

浊江是攸县102条河流之一，也是22条流域面积50平方千米以上的河流之一。网岭镇灯笼桥村地处浊江上游，狭窄淤塞的河道让村民长期饱受水患困扰。2019年，在攸县三级河长的共同努力下，整合了各个部门的项目资金，并发动民间捐款投工投劳，历经四年，投入资金数百万元，对浊江展开全面整治。如今的浊江，水清岸绿，还成为网岭自来水厂的取水地。

攸县通过整合部门力量，在株洲市率先推行"五办合一"模式，构建起"一个中心、一套班子、统一指导、联动协作"的整体架构；深化县级责任单位的工作职责，协助河长履职尽责，督促指导乡镇（街道）河长制工作的全面开展，形成了河长办协调督办与县直部门协同配合的双保障机制。近年来，攸县统筹各部门的资金项目，累计投入近6亿元，实施了城市防洪保护圈、中小河流综合治理、洣江风光带等项目建设，让"河畅、水清、岸绿、景美、人和"的河湖风情随处可见。酒埠江灌区总干渠于2020年获评"湖南省美丽河湖"，洣水攸县段于2021年获评"湖南省美丽河湖"，良江桥攸县仙石段于 2023 年获评"湖南省幸福河湖"。

良江桥攸县仙石段全景

攸县推动河长制与乡村振兴战略同频共振，协同推进人居环境整治、城乡环境同治、和美乡村等工作，创新垃圾"四分处理"（分区包干、分散处理、分级投入、分期考核）模式，切实做到岸上垃圾不下河，河内垃圾不出镇。

攸县投入专项资金，实施矿山综合治理项目，该项目主要涵盖生态恢复、矿区污水治理等民生工程。坚决有力地落实长江流域"十年禁渔"政策，加大城区内河整治力度，开展"零直排区"建设，达成污水不直排河道的目标，建成区无黑臭水体，集中式饮用水水源地水质长年保持在Ⅱ类标准以上，重要水功能区水质达标率达 100%。

（二）河长制 + 生态司法，打造治水法治圈

2021 年 11 月，湖南省水利厅完成了攸县攸河丁家垅河段非法采砂危害防洪安全评估认定。这成为《湖南省河道非法采砂砂石价值认定和危害防洪安全评估认定办法》重新修订后，首例依据该办法进行的非法采砂危害防洪安全评估认定案例。

"'河长 + 检察长'，不仅对行政执法进行监督，还与行政执法形成合力。我们积极发挥检察专业优势，在法律咨询、证据收集等方面提供司法支持，让以往的单兵种作战转变成集团军协同作战。"参与办理这起案件的检察官对此深有感触。

以往对非法采砂等破坏水环境违法行为的打击处理主要依靠水利监察，但面对攸县长达 1150 千米的河道，仅靠水利监察的力量，难以形成有效的打击力度。2018 年，攸县借力河长制，建立县检察院驻县河长办联络室，出台分级负责、部门联动、集中整治、联合执法等疏堵结合的办法，全力整治涉水违法行为。

攸县建立健全了"一河一警长"制度，配备县级警长 14 人，各乡镇（街道）按要求

为每条河流配备警长，共计 51 人次。扎实推进"4+1"轮值联合执法机制，由生态环境、水利、交通、畜牧 4 个部门轮流牵头巡查执法，公安部门负责执法保障，做到"白天执法加晚上执法、固定执法加机动执法、集中性行动加突击行动、牵头单位加相关部门；对问题重罚一批、依法处置一批、追责问责一批、抓捕打击一批、挂牌督办一批"。近年来，共处置各类突出问题近 800 件，发出检察建议书 46 份，纪委追责问责 8 人。

为了让执法效果最大化，攸县还创新处罚模式，力求处罚一个，教育一片。例如，2021 年 1 月，陈某利、陈某生在洣水河段非法捕捞时被当场抓获，其行为触犯了《中华人民共和国刑法》，构成非法捕捞水产品罪。随后，案件移送至攸县人民检察院审查起诉。为贯彻宽严相济刑事政策和恢复性司法理念，经多部门沟通商议后，决定启动"增殖放流"的恢复性司法模式，由陈某利、陈某生出资购置水产品幼苗进行投放。这次创新性的处罚模式经媒体报道后，赢得群众纷纷点赞，取得了良好的社会效果。

（三）河长制+志愿服务，培育全民河长

每月初，酒埠江镇普安桥村党总支副书记、村级河长汤林都会在村级微信群里发布本月"河长制主题志愿活动"的消息，募集志愿者的号令一经发出，往往不到几分钟，活动名额便被一抢而空。

从当初群众站在岸边观望，到如今人人是护河志愿者，这一转变是攸县将"河长制"与新时代文明实践深度融合所取得的成果。

攸县"河小青"活动中心

河湖生态环境问题，表象在水中，根源在岸上。在推行河长制的过程中，如果群众只作为旁观者，只有河长在忙碌，长此以往，河长制将会变成一个缺乏生命力的环境治理系统。

攸县是全国新时代文明实践中心试点县，于2023年成立"河小青"活动中心，以"党建+"引领，创建了"县、镇、村、点四级矩阵"，注册志愿者达到1.6万人，注册志愿者服务组织超过30个。借助庞大的志愿者体系，攸县将"河长制"志愿服务列入新时代文明实践重点志愿服务事项。

在推行"河长制"志愿活动中，攸县着重打通村级治理的末梢环节。村里由支、村两委成员担任村级河长，聘请了463名专业"河道保洁员"，还邀请了各界知名人士担任县、乡、村三级民间河长。在村级河长、河道三员、民间河长的带领下，着力将群众从旁观者培育成"全民河长"，把群众力量融入河长制落实工作中。有序开展河长制工作进机关、进校园、进企业、进社区、进村组、进农户等"六进"系列志愿宣传活动，结合"世界水日""中国水周"等特殊时间节点，在全县范围内开展河长制主题志愿宣传活动，基本构建起"县有中心统筹、乡有站办协调、村有人员落实、社会有人监督"的志愿服务工作体系。

攸县河长办发出倡议，召开村民代表大会，将河长制工作、河湖保护相关法律、政策及保护措施以村民自治的形式纳入村规民约，并进行公示，有效调动了村民积极支持、主动参与河长制工作的热情，有力推进河长制相关工作落实到"最后一公里"，全民护河的格局已基本形成。

（四）河长制+水文化，传承治水精神

"我是女婿不敢说，我是河长有责任说。"这是攸县原创小品节目《河长上门》中的一句台词。该小品通过幽默的对白和诙谐的动作，讲述了一位年轻的河长女婿劝导岳父关闭养鸡场废水入河通道的故事。在河长女婿三番五次摆事实、讲道理的劝说之下，岳父最终听从建议，建立环保设施，杜绝废水排入河道。

水美、环境好，老百姓看在眼里、记在心里。以县花鼓戏保护传承中心为主导力量，聘请攸县当地的戏曲创作人员，挖掘群众身边的故事，通过创、征、搜、编多途径组织节目，先后精心创作了舞蹈《看山看水看中国》、三句半《河长制就是好》、小品《河长上门》、花鼓戏《牛河长当班》等多个节目。借助"送戏下乡"平台，将河长制所蕴含的水文化内涵送到田间地头，进一步增强全民的生态文化自觉。

水润万物，水对人类的生存繁衍有着极其重要的意义。人们在认识水、治理水的过程中形成了独具魅力的水文化。攸县将河长制与水文化相结合，不仅创作了一批文艺作品，还在"文""景"方面下足功夫；建设洣水河长制主题公园，将河长制、水文化、水生态保护等知识，以图文并茂的方式融入群众的休闲娱乐场景中。洣江风光带诗词长廊、人文景观与潺潺河水交相辉映，勾勒出一幅诗意栖居的品质画卷。丫江桥镇仙石村、石羊塘镇南田垅村在治理河道的基础上，对河堤进行绿化亮化，并以水为景建设"门前三小""乡贤馆"，成为村民们休闲娱乐的好去处。在攸州大地，一个个幸福河湖变成了群众幸福生活的真实写照。

洣水河长制主题公园

仁者乐山，智者乐水。攸县在全面推行河长制工作的同时，深入挖掘治水精神，大力发展文化休闲、研学旅行等经济业态，真正让"绿水青山"转化为"金山银山"。酒仙湖凭借美丽的湖光山色，每年吸引数百万游客前来休闲度假，酒埠江灌区广泛开展水情教育活动，其设置的节水灌溉试验、人工修筑大坝体验等研学课程受到了众多学生的欢迎，获评"第二批全国水情教育基地"。

党的二十大报告指出，中国式现代化是人与自然和谐共生的现代化。河湖清，则生态兴；生态兴，则经济盛。从"河长制"迈向"河长治"，攸县纵横交错的 102 条河流、星罗棋布的 300 余座湖库，已经转化成经济优势和发展动能，"美丽中国"的愿景正逐步成为现实。

【经验启示】

（一）下足功夫狠抓治理是河湖管理的根本举措

"问题在水里，根源在岸上。"一方面，通过生态修复、工程提标、维修养护、绿化建设等多种治理手段，持续改善水环境质量；另一方面，以河湖治理为切入点，全面推进河长制工作，坚持流域上下游协同治理，对畜禽养殖污染、居民生活垃圾污染、企业排放污染等各类污染源加以防治，将常态化治理与专项行动相结合，改善全流域水生态环境，有效提升水生态健康水平，维护河湖生命健康，真正打造出能够支撑流域发展、让人民群众满意的幸福河湖。

（二）充分盘活生态文旅是河湖管理的关键一招

深入挖掘河流的历史沿革、历史故事、自然风光等，全面塑造河流自身独特的水文特性和人文历史底蕴，提升河流最本质、最具代表性的文化内涵；立足地域特色鲜明的人文历史、自然资源等，进一步凝练治水精神和地域文化，打造独具特色的酒埠江风景区，同时充分利用本地资源，通过多渠道、多方式开展宣传推广，彰显河流独特魅力与开发潜力。

（三）强化协作合力共建是河湖管理的特色亮点

在河湖长制背景下，河流生态建设是一项涉及多部门、多层级、多步骤的惠民工程。强化部门协作，合力共建河流生态显得尤为重要。各部门不仅在河湖乱象整治、拆违清障、生态修复等工作中各司其职、各负其责，以此提高工作效率，还要通过协同合作，有效解决资金难题，缓解财政压力，凝聚各方力量构建共建、共管、共享的"幸福共同体"。

（攸县河长办供稿，执笔人：文阳荣、谭建议）

风景河长制　水美张家界

——张家界市扛牢治水管河政治责任

【导语】

张家界市坚持以习近平生态文明思想为指导，严格遵循中央、省委关于河长制工作的决策部署，始终保持推进落实河长制工作的责任感、紧迫感、使命感，切实扛起新时代治水管河的政治责任，纵深推进河库系统化、常态化、规范化的保护治理工作，着力保护水资源、防治水污染、改善水环境、修复水生态，促进人水和谐共生，持续绘就"河畅、库净、水清、岸绿、景美、人和"的美丽画卷。

近年来，张家界市水环境质量持续稳步提升。2021年、2022年国控断面水质排名分别位居全国第22位、第13位；2023年国控断面水质排名跃升至全国第8位，再创新高。为打造水清河美、宜居宜游的旅游城市提供了坚实的"水"支撑，强化了有力的"水"保障。

【主要做法】

张家界市全域均处于长江经济带范围内，是湖南省"一湖三山四水"生态安全战略格局的重要组成部分，也是长江流域重要的生态安全屏障区、国家重要的生态功能区和旅游地区。生态是张家界立市之本、发展之基，发挥水优势、做活水文章是强市之路。自河长制实施以来，张家界市不断建立健全河长制的组织体系、制度体系、责任体系、措施体系，治理资源不断聚集、治理手段更加多元、治理效能全面提升，全市河库水质持续向好，环境得到明显改善。然而侵占河道、违法栽种、偷挖盗采、偷排滥放等问题依然存在，严重破坏了河道生态，损害了水质安全，侵犯了公众利益，威胁防洪安全。2023年，张家界市持续深化河长制，强化"三治"措施，聚焦"三大"重点，注重"三个"融合，坚决守护好"八百秀水"，助力世界一流旅游目的地建设，切实推动"绿水青山"向"金山银山"的转化。

（一）强化"三治"措施，全链条压实治水责任

1. 强化河长"领治"

张家界市委、市政府高度重视河长制工作，定期召开市委常委会会议、政府常务会议、总河长会议等，研究部署治水兴水工作。针对湖南省总河长会议交办的市城区陈家溪污水直排问题，张家界市委书记、市总河长亲自现场巡河调研，要求相关单位各负其责，全面治理陈家溪污染问题。2023 年，全市各级河长围绕水资源保护、水域岸线管理保护、水污染防治、水环境治理、水生态修复等工作开展巡河 5 万余次，协调资金 650 余万元，解决河库重点问题 279 个，确保每条河流有人管、管得住、管得好。

2. 强化多方"联治"

构建河长牵头、河长办督办、地方主抓、部门协同的工作格局，推进上下游、左右岸、干支流、岸上岸下、地表地下的联防联控联治。深化"河长＋检察长""河长＋警长"机制，市、区（县）检察院开展巡河 12 次，受理涉水生态公益诉讼线索 20 条，立案 14 件；与湘西州开展跨区域联合巡河活动，并召开交流学习座谈会，推动澧水、澧水南源、汝池河等跨界河流两地联防联控共同管护工作落到实处。2023 年 8 月 28 日《湖南日报》以《让跨界河流治理"顺风顺水"》为题，对张家界市的联防联控工作进行了专版推介。

3. 强化督考"促治"

张家界市河长办对全市 4 个区（县）党委政府、23 个市直单位和 61 名县级河长进行考核，并对全市 79 个乡镇中的优秀及后进乡镇进行通报。各区（县）河长办按照辖区对 79 个乡镇（街道）党委政府、81 个区（县）河委会成员单位、393 名乡级河长进行考核，实现考核对象全覆盖、无死角。强化考核结果运用，对优秀单位、个人在全市范围内进行通报表彰，并报送市委组织部；给予 5 个先进乡镇共 35 万元奖励，对 3 个后进乡镇给予通报批评，并责成其在全市总河长会议上表态发言。此外，2 个区（县）因部分工作推进不力扣分，

江垭水库水清岸绿

城区夜景绚丽多彩

扣分情况报送市委考核办，在全市大绩效考核中按照比例扣分，进一步激发了河长履责、守责、负责、尽责的意识。

（二）聚焦"三大"重点，全方位推进治水工作

1. 管好"盛水的盆"

完成11条河流岸线保护与利用规划编制、23条水利普查外河流河道划界、4条河流健康评价和山区河道梳理复核工作，进一步夯实水域岸线管护基础。常态化开展"清四乱"和"洞庭清波"专项行动，全面完成水利部、省级河湖遥感监测推送的2632个疑似问题图斑的核查整改任务，以及省总河长会议交办的杜家溪侵占河道、桃子溪侵占河道和陈家溪污水直排3个问题的核查整改工作。

2. 治好"岸上的污"

投资4613万元，完成全市污水管网建设改造10.23千米；建成并投入使用乡镇污水处理厂62个，城市污水处理率达97.41%；完成42家一级医疗机构污水处理设施的整治工作；完成第一批澧水、溇水干流及非建成区沿河2000米缓冲区排污口的排查、监测和溯源，共排查点位1065个，认定排污口174个，并制定了"一口一策"整治清单。目前，已完成65个排污口的整治任务；全市化肥减量工作投入资金985万元，实现测土配方施肥覆盖率达91.73%，规模养殖场粪污处理设施装备配套率达100%，畜禽粪污资源化利用率达90.7%，各项指标均超过省定任务指标。

3. 护好"盆中的水"

对全市18座大中型水库实施全程在线监控，运用卫星遥感技术对60条重要河流开展卫星遥感监测，对所有溪河开展常态化保洁工作，组织开展"清河净滩"行动，打捞水域岸线垃圾 500 余吨。全市配备基层护渔员 113 人，投资 770 万元建设"智慧渔政"视频监控系统，开展禁捕水域违规垂钓打击行动等五大专项行动，通过联合执法，清理取缔涉渔"三无"船舶 71 艘，查办电毒炸鱼等案件 73 件，移送司法机关 9 件 9 人。全市划定集中式饮用水水源地保护区 117 个，县级及以上和"千吨万人"水源地水质达标率保持在 100%，城市黑臭水体消除率达 100%。

（三）注重"三个"融合，全领域提升治水实效

在治水与保护生态融合中擦亮八百秀水"颜值"。成功争取中央水、土壤污染防治资金及农环专项资金 3.9 亿元，一体推进水资源保护、水生态修复等工作，以澧水、溇水为重点，大力推进水域沿岸绿化工作，全市森林覆盖率提高至 71%，市域生态蓄水保水能力得到持续提升。巩固大鲵国家级自然保护区水电项目退出等整治成效，在重点流域修复河湖生态缓冲带 36.4 千米，实施水污染治理及修复项目 18 个，进一步提升了水环境质量。

在治水与发展产业融合中呈现八百秀水"价值"。着力将水生态优势转化为经济优势，积极推进溇水、澧水两岸旅游资源开发。建设了茅岩河漂流、禾田居山谷、仙辰岛景区、大热荒野营地等一大批生态景点，积极探索"两山"转化路径。年产值 25 亿元的农夫山泉项目落地开建；"张家界大鲵"养殖存池量稳定在 150 万尾以上，年产值达 4 亿元；金鞭溪、宝峰湖、万福温泉等高品质涉水旅游项目，实现年旅游收入 2 亿元。

在治水与美丽中国融合中打造八百秀水"品质"。拍摄"风景河长制 水美张家界"主题宣传片，该宣传片在中央电视台 3 次被推介，并荣获全国第五届"守护幸福河湖"短视频大赛优秀奖；全市 12 条河流、4 座水库获评省级"美丽河湖""幸福河湖"，有力

水库泄洪磅礴壮观

助推了世界一流旅游目的地建设；4个区（县）全部建成省级生态文明建设示范区，其中永定区建成全国"绿水青山就是金山银山"实践创新基地，武陵源区、桑植县建成国家生态文明建设示范区。

【经验启示】

（一）切实维护河湖健康生命，河长必须履责尽职

各级河长坚持守河有责、守河担责、守河尽责，统筹部署、协调督促本辖区河库保护管理工作。带头开展巡河巡库工作，做到重要工作亲自部署，重大问题亲自过问，重要环节亲自协调，重要案件亲自督办，切实维护河湖的健康生命。

（二）努力形成河库管护合力，部门必须协同作战

水利、生态环境、财政、自然资源、住建、交通、农业农村、卫健、林业等部门各司其职、各负其责、齐抓共管、协同作战，形成河库保护治理的强大合力。同时，充分调动和发挥基层一线力量和社会力量参与巡河、护河、治河工作，做强做实治水的"神经末梢"。

（三）持续推动河湖工作走实，河长办必须严格督导

河长办充分发挥牵头抓总、组织协调、督导考核的作用，并将年终考核结果纳入市对区（县）党委政府、市直单位的绩效考核体系进行运用，进一步增强各地各部门和各级河长攻坚克难、担当作为、创先争优的意识，持续推动河湖治理工作走深走实。

（张家界市河长办供稿，执笔人：李优民、李学文、龚政）

守好八百秀水　共护旅游经济

——张家界市武陵源区河长制工作创新典型案例剖析

【导语】

武陵源区位于湖南省西北部、澧水中上游，是张家界的核心景区，素有"奇峰三千、秀水八百"的美誉。辖区内有水利工程1300多处，其中中型水库2座、小型水库8座、河坝66处、山塘202口、小型灌区18片；辖区内5000米以上的河流有15条。让这些河湖长治久清、碧水长流，既是全区人民的共同期盼，也是通过守护奇山秀水、吸引游客"游山玩水"，助推旅游经济发展的内在要求。

2020年以来，武陵源区委、区政府借助湖南省首届和张家界市首届旅发大会的契机，果断作出决策，以大力擦亮武陵源"奇山秀水"品牌为抓手，在做足"游山"文章的同时，补齐"玩水"短板。紧紧围绕"河畅、水清、岸绿、景美"的工作目标，借助全面落实河长制工作平台，打造美丽河湖，服务旅游经济。辖区内5个地表水监测断面水质均稳定保持在Ⅱ类及以上标准。2022年，金鞭溪荣获全省"美丽河湖"称号，全区节水型社会建设通过水利部复核，中湖郭某河道非法采砂案入选"湖南省第一批生态环境损害赔偿磋商十大典型案例"。

【主要做法】

（一）"全员干"，建立常态机制

1. 领导带头干

以"见河长"行动为抓手，区、乡、村三级主要负责人主动将河湖作为自己的"责任田"，既挂帅又出征，带动各级河长履行巡河、管河、护河、治河职责，乡级河长执行"一月至少一次"、村级河长执行"一周至少一次"的巡河频次，并建立了定期督查和通报机制。区、乡级河长坚持采用APP打卡巡河模式，并分别按照每季、每月、每周不少于1次的巡河要求完成巡河任务，巡河质量稳步提升。

"河长＋警长＋检察长"联合巡河

2. 党员示范干

通过在茅溪河中湖段河道成立碧水支部，推行"绿水币"试点，压实党员作为爱水"宣传员"、护水"协调员"、巡查"监督员"、治水"责任员"的职责，充分发挥党员的示范带头作用。

3. 全民参与干

通过推动"清河净滩"活动常态化、全覆盖，并将全区山洪灾害信息员纳入民间河长队伍，激发全民护河热情。每周五下午，全区成员单位按照分片包干、责任到人的原则常态化开展"清河净滩"活动。目前，全区共有民间河长177人，在册登记的"河小青"100人，专职河道保洁员56名。

（二）"全力管"，营造常治氛围

1. 高效整改

2023年，武陵源区共收到水利部河湖遥感疑似问题图斑167个，其中立行立改6个，后期长效监管整改2个，所有问题均已通过省级审核销号；收到省级图斑快递下达遥感疑似问题图斑36个，经区、乡两级核实，涉及9处需要整改，均已全部完成省、市销号工作。

2. 源头管控

全面开展集中式水源地规范化整治和农村面源污染治理工作。目前，全区8个集中式饮用水水源地全部设立了防护隔离网、饮用水水源标识牌等设施，保护区内无排污口，水质全部达到地表水Ⅱ类及以上标准。

党员活动日河道保洁

3. 严格执法

2023年，完成自然保护区内桃花溪谷项目两座违建桥梁的拆除及涉河修复工作，通过"河长＋警长"机制处理了协合水库居民侵占库容的违法行为。全面落实长江流域禁捕工作，扎实开展"长江禁捕打非断链"专项行动。全年查处违法钓鱼案件46起，办理非法电鱼行政处罚案件2起，其中移送公安非法电鱼案1起，收缴非法渔具112件，罚没款项 12200 元，办理生态补偿案件 1 起，收取生态补偿费 1000 元，并组织生态增殖放流鱼苗 200 万余尾。

4. 强力节水

坚持节水优先的原则，大力实施国家节水行动，强化对水资源消耗总量和强度指标的控制，严格落实规划水资源论证、取水许可和用水定额管理工作，健全用水计量、水质监测和供用耗排监控体系，严控水资源开发利用强度，做到以水定需、量水而行、因水制宜。

召开区总河长会议

5. 加大宣传

大力推进河长制成效的宣传报道工作，先后在《湖南日报》、"湖南省河长制"微信公众号、《中国水利报》上刊发推介武陵源河长制成效经验 5 篇，《水美景韵·生态画卷金鞭溪》入围水利部举办的 2023 年"守护幸福河湖"视频征集正赛。

（三）"全域治"，夯实常抓举措

1. 实施了"蓄水"工程

自 2022 年以来，累计投入 8000 多万元开展中小河流治理工作，治理长度达 15.6 千米，新建拦水坝 11 座；投入 600 万元对辖区内所有水库进行大坝安全鉴定，并对其中 3 座小型水库实施除险加固工程，新增蓄水 135 万立方米。此外，还投入 1000 万元对辖区内 202 口山塘进行全面整治，新增蓄水量 75 万立方米。

2024 年 1—6 月澧水武陵源区国控断面水环境质量全省排名第一

2. 实施了"露水"工程

2023年，对武陵源区21处滚水坝进行维修加固，对3.2千米河道进行疏浚处理，在全区27.5千米河道开展"砍草除障"专项行动；投资1000多万元，实现中湖乡石家峪河与清风峪河水系连通，以及索溪峪水库与董家峪水库库库连通。同时，科学制定"一河一策""一湖一策"方案，开展河湖生态水量状况专项调查评估，合理确定不同来水情况下河流主要控制断面生态水量（流量），以及湖泊、水库、地下水体的水位控制指标，以保障河湖的基本生态水量。

3. 实施了"净水"工程

加大资金投入，实现乡镇污水处理厂全覆盖，采取大、小污水处理厂（站）相结合的方式，对城区污水进行全收集。同时，加强对城镇污水处理厂等重点排污单位的运行监管，确保城镇污水处理设施正常运行、污水达标排放。2023年，编制完成了全区污水整治三年行动方案，建立了武陵源区地下市政基础设施综合管理信息平台。

人间瑶池——宝峰湖

4. 实施了"秀水"工程

为助力全省、全市旅发会，完成了索溪河高云段、合作桥溪协合段、陈家岗河魅力湘西段、茅溪河青龙垭段、索溪河锣鼓塔段、黄柏溪黄河段、索溪河喻家嘴至岩门大桥段的驳岸治理和景观化打造工作。同时，全面启动小型水库标准化管理样板县创建工作，全区8座小型水库均实现了"工程安全、设施完善、产权清晰、管护规范、环境美观"的目标。

5. 实施了"亲水"工程

因地制宜，在全区重要游客集散地打造出张家界"石滩"、中湖"野溪河畔"、金鞭溪"亲水旅游线路"。同时，大热荒野露营基地、杨家坪房车营地、百丈峡绿地公园、野鸡铺露营基地等一批滨河亲水项目相继建成并开门迎客。

（四）"全面靓"，绘就长效蓝图

1. 打造"最美岸线"

常态化开展河岸环境排查整治工作，清理河岸乱堆放的杂物，拆除影响河道行洪的破旧危桥，修复坍塌的老旧河堤，强化水域日常保洁养护，确保河面整洁、河岸秩序井然。2023年，共清除河岸违规种植区域7处，拆除涉河违建2处，投入资金100万余元，对城区河段、乡镇重点河段开展"砍青除杂"专项行动6次。同时，利用中小河流治理和小水源整治项目，突出中湖乡野溪铺"水美乡村"精品线的整体规划和节点设计，推进沿线重要节点约200亩（1亩=0.067公顷）乡村稻田休闲园区和"美丽山塘"建设，提升沿河景观的绿化美化水平，展现"水旅融合"的独特风景。

2. 塑道"最美河湖"

依据"一河一策"方案，深入剖析河湖存在的问题，综合施策、系统治理、集中发力，从水环境、水资源、水生态和水文化等多个角度，全方位开展美丽河湖建设工作，打造亮点河段水体。索溪河、索溪水库、宝峰湖、金鞭溪等河库先后荣获省级"美丽河湖"称号。

3. 建造"水美乡村"

按照"一县一示范、一乡一亮点"的要求，借助人居环境整治、以工代赈、水利发展等政策资金，先后对溇水森林公园门票站段、茅溪青龙垭村金家落段、檀木岗村屈家岗段、索溪峪街道白虎堂溪、协合乡合作桥溪杨家坪至李家岗段持续进行溯溪环境改造。目前，全区已有12个村居先后荣获省级"美丽乡村"或"省级特色精品乡村"称号，占全区总村居数的37%。"有河有水、有虾有鱼、人水和谐"的美好愿景正逐步成为现实。

溇水悠悠，穿城而过

【经验启示】

（一）高位推动，机制有保障

以区委书记担任总河长为引领，将河湖长制工作纳入党政领导班子目标责任考核体系。定期组织召开联席会议，开展督查检查、考核问责以及执法联动等活动，充分发挥部门联动协同效应，及时有效解决河湖管理保护工作中遇到的困难和问题。区委、区政府领导经常到一线调研督导、解决难题。同时，充分发挥党员的示范带头作用，激发全民护河热情。

（二）上下联动，落实有保障

各项目职能部门、乡镇、村（居）分别成立相应的领导机构，配强工作队伍，形成联动工作机制。压紧压实各级工作责任，同时整合人才、资金、政策等各类资源要素，落实财税、土地、金融等配套政策，推动美丽河湖建设工作顺利进行。

澧水武陵源城区段

（三）项目拉动，资金有保障

充分用好用活项目资金，区级统筹整合资金8000万元，用于开展中小河流治理工作，治理长度达15.6千米，新建拦水坝11座；投入1000万元，对202口山塘进行全面整治，新增蓄水75万立方米。此外，还整合了人居环境整治、以工代赈、水利发展等政策资金，对澧水森林公园门票站段、茅溪青龙垭村金家落段、檀木岗村屈家岗段、索溪峪街道白虎堂溪、协合乡合作桥溪杨家坪至李家岗段实施溯溪环境改造工程。

（张家界市武陵源区河长办供稿，执笔人：向华志）

湖南省河湖长制 工作创新案例汇编

河长制考核及激励问责

直面问题，擦亮监督"利剑"

——宁乡市常态化开展河湖"清四乱"行动

【导语】

自宁乡市全面推行河湖长制以来，各乡镇街道积极落实责任，强化管理举措，河湖面貌明显改善。然而，部分地区人为束窄河湖、侵占河湖空间、与水争地等问题依旧存在。

2022年以来，宁乡市组织力量对妨碍河道行洪的11类突出问题进行排查，共发现河道内存在防汛应急物资储备点1个、废弃泵房1座、废弃阻水河坝2座、废弃阻水桥梁1座、临时建筑及杂物间等35处，还有老旧民房29户（存量问题）。

为进一步强化河湖水域岸线的空间管控、促进河湖生态环境的复苏、实现人水和谐共生的美好愿望，宁乡市持续加大监督检查和执纪问责力度，常态化推动河湖"四乱"、妨碍河道行洪、水利部河湖遥感疑似问题图斑复核等重点、难点问题的整改落实工作，"一江一湖六河"综合治理工作深入推进，全力确保宁乡河湖生态环境持续好转，让水韵宁乡的独特魅力愈发彰显。

【主要做法】

（一）兴水治河，擦亮监督"利剑"

自第8号湖南省总河长令下发后，宁乡市河长制工作委员会印发了《贯彻落实省第8号总河长令深入推进妨碍河道行洪突出问题排查整治工作方案》（宁河委发〔2022〕2号），并专题召开涉河建房隐患排查工作会议，制定了《宁乡市跨河临河村民自建房搬迁避让实施方案》。成立了5个专项督查组，对所有乡管以上河流展开全方位排查，通过实地调查，形成了问题台账和照片等一手资料。实地调查结束后，宁乡市河长办组织水利局相关科室和专家召开了疑似妨碍河道行洪分析讨论会，并向每位县级河长专题汇报了此项工作任务。深入推进妨碍河道行洪突出问题排查整治，加强河长巡河履职，对妨碍河道行洪突出问题及河湖"清四乱"现象做到早发现、早清理、早整治。针对排查出的问题，建立问题清单，明确整改措施，形成任务清单和责任清单，按照时间节点完成整改工作，同时加强日常监管力度，确保问题整改不反弹、不新增。

2022年4月14日，在宁乡沩水河畔的溜子洲上，上演一场意义非凡的"告别"。伴随着挖机、炮机的轰鸣声，陪伴了洲上居民34年的浅水老桥"谢幕"。这座浅水老桥坐落在溜子洲中部，是1988年溜子洲上的居民主动筹工筹劳修建而成。老桥全长110米，宽2.5米，高3.25米，为两墩三孔钢筋混凝土结构，连接着仁福社区的平组和姚家组两组，是溜子洲近900名居民出行的重要通道。然而，在2017年遭遇洪水冲刷后，久经风霜的老桥桥体多处破损开裂，桥梁处于危险状态，对当地居民出行造成严重的安全隐患。2018年，在浅水老桥北侧30米处，宁乡市相关部门重新修建了一座新桥，不仅加大了桥梁跨径还加高了桥梁，既保障了人民群众的出行安全又保障了河道畅通。至此，老桥彻底完成了它的历史使命，退居幕后，静静见证着宁乡日新月异的发展变化。

在排查整治全市流域范围内妨碍河道行洪的突出问题时，宁乡市水利局发现，溜子洲地势低，一旦遭遇汛期强降雨，老桥便会成为阻碍排水行洪的障碍，极易造成河道堵塞。拆除老桥刻不容缓。为此，宁乡市水利局联合当地街道积极安排部署，于4月14日老桥拆除到位，保障河道行洪畅通。

拆除宁乡市白马桥街道老桥被

2023年8月初，宁乡市河长办在暗访中发现，双江口镇朱良桥村60米长冲河河道旁存在2处违建养殖场，违建养殖场面积约200平方米，不仅在河道管理范围违规建房，还存在排污不达标、污染河道水质的问题，还占用了耕地，破坏了农田，属于河道管理范围内违规建房行为。发现问题后，宁乡市河长办向该镇下达了问题交办函，要求其尽快处理

养殖大棚拆除前后

养殖户自行拆除羊棚

宁乡市水利局工作人员实地查看相关问题

该问题。然而，拆违建容易，但拆百姓的"心墙"却需要动之以情、晓之以理。在拆除工作动工前，镇、村两级干部多次上门走访。在拆除时，工作人员并未直接动用机械，而是先采用人工拆除，为其保留了瓦片、钢架、木材等建材，尽可能地减少村民的经济损失。通过工作人员持续的思想疏导，村民同意拆除养殖场。最后，经过连续两天作业，违建养殖场被拆除完毕，并进行复绿等工作。

宁乡市河长办每月都会对全市各河流、湖泊常态化开展巡查督导工作，协调并督促问题整改，确保河流有人巡、有人管、有人护，发现问题及时解决。2023年，宁乡市水利局全面完成了水利部推送的集水面积在50平方千米以上河道的967个河湖遥感疑似问题图斑的复核工作，并且对宁乡涉河湖的桥梁、闸坝、民房、电站、泵房、养殖坑塘、堆料场等其他设施和相关情况进行了全面摸排统计，将相关疑似问题的精准点位、实物照片和问题的归类情况，全部上传到"河湖管理监督检查"APP系统。受地域因素的影响，靳江宁乡段、崔坪水、塅溪河、八曲河等多条河流的众多点位，既没有巡堤公路，也没有人行小道，寻找图斑点位只能靠徒步核实。为了全面落实好此次工作任务，宁乡市河长制工作事务中心的工作人员全员上阵，分成8个工作小组，齐心协力，克服一切困难踏荒寻点，最终提前完成了所有复核任务。

（二）重拳攻坚，遏制河湖"四乱"

依托河湖长制，宁乡市水利局在"洞庭清波"专项整治行动中强化水环境底线保护，推进"清四乱"工作常态化、规范化和制度化。对于排查出的"四乱"问题，明确整改标准，按照"一单四制"管理要求开展整治，做到发现一处、整治一处，切实实现立行立改、应改尽改，并及时上报销号资料，由宁乡市河长办进行现场核查。全市29个乡镇（街道）深入开展自查自纠工作，确保排查整治工作横向到边、纵向到底，将河湖"清四乱"工作切实抓在手中、扛在肩上。

2023年，全市县、乡、村三级河长共巡河15676次，发现并整治完成问题382个。强化部门联治，通过"河长＋检察长""河长＋警长"协作机制，运用最严格的制度、最严密的法治保护河湖生态环境资源。全年，水利局立案7起，下达责令停止、责令整改文书共计39份，开展联合专项执法行动81次，扣押采砂设备13台，罚款约38.5万元，出动执法人员1212人次，巡查河湖岸线长度达2835千米。

资福镇七星村乌江河道内乱堆乱占、居民违规建房并用于制作墓碑问题已整改到位

宁乡市组织百姓河长开展清河净滩专项行动

（三）长治久清，人人皆为"河长"

为进一步贯彻落实习近平生态文明思想，扎实做好"河道保洁"工作，一直以来，宁乡市河长办、百姓河长、29个乡镇（街道）以及"河小青"志愿者在"河流守护、绿色传播、生态修复、环保行动、河湖监督"等工作领域中积极发挥作用，有力推动了河道保洁工作的深入开展，取得了显著成效。每年宁乡市都会开展河长公示牌规范月、河湖水体保洁月、河长制宣传月等活动；每月组织全市29个乡镇（街道）、百姓河长和河流守护志愿者，及时清理汛期水域岸线的各类垃圾，持续改善河湖面貌和水生态环境，在沩水、乌江、楚江、靳江及各支流等重要区域，全面开展"清河净滩"专项行动，致力于营造"水清、河畅、岸绿、景美、人和"的河湖水体生态环境。

宁乡市积极开展党员"三亮三比"行动，团结带领广大群众始终坚守生态保护红线，坚决打好污染防治攻坚战，大力实施环境治理工程，重点解决突出生态环境问题。将河道、沟渠整治纳入全市人居环境整治大局，一体谋划、统筹推进，做到村内村外联动发力、路域水域同步推进。通过集中人力、物力、财力进行攻坚，实现整治、提升、保持各环节的有效衔接，不断提高整治效率和质量，有力推进了美丽生态建设，走出了一条生态环境与经济社会、民生幸福协同发展的"绿色崛起"之路。

2023年，全市29个乡镇（街道）累计开展日常保洁工作7780次，参与志愿者达4850人次，参与河道保洁活动9850人次，拾捡各种垃圾约350吨，志愿服务时长达15000小时，发布新闻宣传稿件400余篇，发放倡议书及宣传资料近40000份，张挂宣传横幅560多条，文明劝导垂钓者近600人。开展"保护母亲河 守护一江碧水"系列水生态环境保护活动65场次，举办保护母亲河知识宣讲15场次，受教育人数达1200多人。"七彩假期"活动在宁乡产生了一定的影响力，积极报名参与活动的青少年越来越多，其中最小的"河小青"志愿者仅6岁，在家长的陪同下，冒着高温酷暑，即便汗流浃背，也自始至终坚持到活动结束。这些感人的画面屡见不鲜，"河小青"志愿者在宁乡沩水、乌江、楚江、靳江四水河域形成了一道亮丽的风景线。市协"河小青"行动中心荣获共青团湖南省委2023年度"七彩假期优秀志愿服务团队"称号；宁乡"河小青"荣获湖南省2023年度"优秀县市级河小青行动中心"称号。

宁乡市组织百姓河长开展"清河净滩"专项行动

人人都当"河长"，方能更好地守护家园。作为"行政河长"的"同盟军"，"百姓河长"是"双河长"水环境保护机制中接地气、察民意的重要一环。宁乡市将"民间河长"纳入河长制体系，广泛动员全民参与"洞庭清波"专项行动。通过一年来开展的巡河、净滩、保洁、宣传、劝导等活动，宁乡市的河湖水体得到有效净化，水生态环境有了显著的改善，沿线居民的环保意识和对法律法规的认知水平得到进一步提高，为巩固宁乡生态文明建设示范市的成果发挥了积极作用。

【经验启示】

（一）强化依法依规管理保护

党的十八大以来，在"节水优先、空间均衡、系统治理、两手发力"的治水思路指引下，宁乡上下同心，栉风沐雨，砥砺奋进，始终坚持以人民为中心，把保护人民生命财产安全、满足人民日益增长的美好生活需要放在首位。在处理妨碍河道行洪等问题时，充分考量对防洪安全影响程度、问题形成原因、问题性质以及社会危害性等多方面因素，先拆"心墙"再破围墙，实事求是、分类处置、不搞"一刀切"。

（二）严格水域岸线空间管控

强化河湖日常巡查管理，切实履行河湖管理主体责任，常态化开展监督检查；严格规范涉河建设项目与活动的管理，全面清理整治破坏水域岸线的违法违规问题，构建人水和谐的河湖水域岸线空间管理保护格局。同时，加强宣传引导工作，主动曝光河湖"四乱"违法典型案件。

（三）推进河湖水域岸线整治修复

有序组织开展岸线利用项目清理整治工作，岸线整治修复应顺应原有地形地貌，不随意改变河道走向，不大挖大填，不束窄或减少行洪断面，不进行大面积硬化，尽量保持岸线自然风貌，进而不断提升人民群众在生态环境改善方面的获得感、幸福感与安全感。

（宁乡市河长制工作事务中心供稿，执笔人：彭杜）

擦亮"监督镜" 缔造"幸福河"

——洪江市构建"河长+清廉建设"协作机制

【导语】

洪江市地处湖南省西部、雪峰山脉中段，沅水干流上游，水资源极为丰富，有大小溪河327条，其中一级支流29条，二级支流47条，总长1170千米；还有上型水库120座，其中大型水库2座、中型水库3座、小（1）型水库26座、小（2）型水库89座。

为充分激发各级河长及职能部门内生动力，促使其主动担当作为，杜绝庸懒散现象，在工作中奋力闯创干，有效解决河长制工作中的痛点、难点、堵点问题，推动美丽、健康、幸福河湖建设，2022年8月，洪江市河长办联合市纪委监委探索建立"河长+清廉建设"协作机制，着力构建河长、职能部门和纪委监委"三位一体"的工作格局，激发动力、压实职责，因地制宜地推进全市"幸福河湖"建设，进而推动河长制工作提质增效。

【主要做法】

（一）全面推进"河长+清廉建设"协作机制

1. 建立联席会议制度

每季度由洪江市纪委书记或分管副市长主持召开会议，会上全面总结河长制工作的阶段性成果，深入分析工作中存在问题的原因，并部署安排下阶段工作。同时，市纪委监委在会上通报明察暗访情况。

2. 建立联合督查制度

每季度依托政治生态分析预警平台和河长制信息平台，开展一次河长制明察暗访行动。严格按照清廉建设的具体要求，对督查情况进行梳理汇总，形成督查通报，推广先进经验，交办存在问题，形成台账，实行闭合管理。

2023年2月8日洪江市纪委监委、市河长办河长制工作联席会议

3. 建立社会监督员制度

聘请60名身体条件良好、政治素质过硬且年龄原则上不超过60岁的同志担任社会监督员，要求每名监督员每月至少收集并上报一条问题线索。

4. 建立案件办理联动机制

洪江市纪委监委督促各职能部门加大执法力度，严格依法行政，市河长办则负责向市纪委监委移交案件线索，配合涉河湖案件的办理。

5. 建立联合考核机制

洪江市河长办与市纪委监委共同对各级河长、职能部门的年度工作进行考核，压实工作责任，提升工作效能。对于在河长制工作中出现清廉建设严重问题的单位，实行一票否决制。

（二）因地制宜推动河湖保护治理与和美乡村建设一体发展

1. 坚持守水有责、履职尽责，构建上下贯通的责任体系，推动"干部先行干"

构建市、乡、村三级书记抓治河的责任体系，各级河长协同发力，一级抓一级，层层抓落实，使巡河护河成常态。

河长领头抓，构建河长履职"四制"体系。全面落实湖南省第9号总河长令，推行河长通报约谈制、督查暗访制、现场交流制、常态述职制"四制"管理模式，每月1日统计市、乡级河长上月的巡河情况，实行末位约谈，压实河长责任，有效杜绝河湖管护工作中"不作为"现象。

部门协力抓，构建部门协作"四联"机制。建立以市级河长为主导，包括"河长+部门""河长+记者""河长+检察长""河长+警长""河长+清廉建设"等内容，且有属地政府共同参与的执法监管体系。通过联席会议制度、联合督查制度、案件办理联动机制、联合考核机制"四联"机制，充分激发河长及职能部门的内生动能，实现主动担当，有效杜绝河湖管护"慢作为"问题。

落细落实抓，探索河湖管护"五个一"模式。依托农村党支部，试点推行"成立一个阵地，组建一支队伍，落实一笔资金，建设一段溪河，进行一系列宣传"的"五个一"村级河湖管护新模式。成立"河长工作室"，完善村级河湖长体系，为每一条河段配备"河段长"，进一步将河湖管护工作"多走一公里"，有效推动河湖管护工作真正落到实处，

实现"真作为"。

2023年，共发现36个河湖典型问题，各部门开展联合执法行动26次，查处涉河湖案件22起（其中行政处罚立案8起、刑事立案14起），向相关部门及乡镇发出督办通知书、整改交办函、纪检监察建议书、检察建议书共计26份，问责29人，成功解决河湖问题33个，挽回经济损失3529万元。实现全域水质达标率100%，境内饮用水水源地全部达到Ⅰ、Ⅱ类水质标准，出境水质稳定在Ⅱ类标准，6个国省控断面水质100%达标。2023年9月，水利部对洪江市着力守护洞庭湖源头活水典型做法进行了宣传推介。

2024年湖南卫视新春走基层走进洪江市托口镇三里村，领略烟波浩淼的清江湖自然风光

2. 坚持因地制宜、以水兴旅，培塑和美乡村示范片区

洪江市紧抓建设以沅水为纽带的怀化旅游"金三角"契机，通过发展乡村旅游倒逼人居环境改善，借助改善后的人居环境进一步促进乡村旅游发展，初步探索出治水经济的"升级版"。这一举措让百姓既能欣赏到"绿水青山"带来的美景，又能收获"金山银山"带来的富足。

将水环境治理融入城乡建设。洪江市把河长制工作置于乡村振兴大局中去谋划推进，因地制宜地推动河湖保护治理与和美乡村建设协同发展，2023年，重点打造"沅城—三里—

沅水源头清江湖

省级幸福河湖——潕水洪江市段

王家坳""竹山园—岩里—石板桥—下坪—补顺"两条"魅力沅水"宜居宜业宜游的和美乡村示范片，成功创建7个省级美丽乡村，培养塑造2个和美乡村示范片，打造15个水美乡村，完成21条幸福河湖建设。其中，沅水安江电站库区、潕水洪江市段先后荣获省级"幸福河湖"称号。

专家赋能助力农产品向旅游商品转变、农民向旅游从业者转变。在湖南省农业科学院的驻村帮扶下，沅城村建成了农业科研中心、稻油轮作示范田、商品白姜种植基地、高档蔬菜种植基地等项目，依托沅水打造的沅城村"古村星空露营+十里生态河滩+农业产业园"综合旅游度假体验区，作为湖南省唯一案例入选《2023世界旅游联盟——旅游助力乡村振兴案例》。随着旅游市场的逐步打开，本地特色农产品、工艺制品和精深加工产品逐步转化成旅游商品，农产品附加值不断提升。自沅城村综合旅游度假体验区2022年运营以来，村集体经济从2万元增长至48万元，带动当地200余人农民直接就业，人均月增收2000元以上。

吸引在外老乡返乡创业。依托河长制的制度优势，河长制成员单位将生态理念融入城乡建设、河湖整治、旅游休闲、环境治理、产业发展等项目的规划、设计、建设、管理全过程。通过切实落实好群众最关心、最直接、最现实的生态利益，持续改善生态环境，农村面貌

沅水安江段风光带

得到显著改善，吸引了大批外出老乡返乡创业。龙船塘瑶族乡成立瑶乡青年人才培养工作站，实施青年人才培养计划，吸引和服务乡村青年创业。洗马乡青年易永强借助乡村旅游强劲势头，返乡养殖雪峰乌骨鸡、芦花鸡等，年销售额达 430 余万元，带动周边 2000 余名村民就业。

依水打造致富产业链。安江镇下坪村依托优美的水生态，结合乡村旅游发展，引进并培育企业 12 家，形成传统农业、电商、婴幼儿用品制造与亲子游"三驾齐驱"的产业格局。托口镇三里村、江市镇红涟伏水村、太坪乡补顺村、沙湾乡溪口村等大力开展乡村旅游。2023 年，全市实现乡村旅游收入 12 亿元，同比增长 150%。

【经验启示】

（一）坚持履职尽责，强化管护实效

各级河长是履行河湖管理保护工作的关键，各职能部门则承担着河湖管理保护的主体责任。借助清廉建设，充分激发各级河长和职能部门的内生动力，促使其主动担当作为，杜绝庸懒散现象，奋力闯创干，增强河长制工作的政治自觉、思想自觉和行动自觉，做到规范履职、廉洁履职、高效履职，开创河湖治理体系现代化建设的新局面。2022—2023 年，4 名河长获评省级、怀化市"优秀河长"，6 名工作人员获评省级、怀化市"优秀河湖卫士"。

（二）坚持高质量发展，强化兴水质效

抢抓省市旅发大会契机，加快建设以沅水为纽带的怀化旅游"金三角"水上通道，顺势推动农耕文化旅游"三线三道"提质升级，努力让沅水廊道产生更大的生态效益、社会效益、经济效益；坚持以水兴旅、以旅兴业，建成目前全怀化唯一的水文化宣教中心。2024 年，结合怀化市第三届旅游发展大会，重点围绕打造湖南农耕文化旅游名片与"国际种业之都"的目标，依托沅水一江两岸的资源优势，加快建设现代与传统结合、文化与科技融合、文化与旅游融合，亲水性好、业态丰富的安江农耕文化旅游区，带动流域城乡高质量发展，让更多的绿水青山变成金山银山。2024 年湖南卫视新春走基层活动，大力宣传了依山傍水的旅游热点黔阳古城、托口三里、安江农校等网红打卡地。

（洪江市水利局供稿，执笔人：杨晶）

让河长制"长牙带电"

——隆回县强化监督和问责机制

【导语】

隆回县是清代思想家魏源的故乡,地处湘中偏西南,位于雪峰山脉西南端、资水上游,总面积2868平方千米,总人口128万,下辖25个乡镇(街道)、572个村(居、社区),是一个农业大县。

隆回县水利资源十分丰富,全县共有341条河流,其中长度在5千米以上的河流有81条,市管河流有2条,河流总长度2600千米,此外,还拥有水库255座,其中小(2)型水库204座,小(1)型水库45座,中型水库5座(电站坝3座),大(2)型水库1座。

自实施河长制以来,隆回县委、县政府切实扛起新时代治水管河的政治责任,强化监督,从任务精细化、奖惩制度化着手,逐步建立了监督和问责机制,形成了对河流水库"全面管、有效管、经常管、大家管"的良好工作氛围。通过加大问责力度,探索出"三色"和"三问"工作机制,强化各级人员守水有责、管水

赧水隆回段(一)

担责、护水尽责的政治自觉。在工作中，加强督导考核，强化监督和问责，注重过程监督、社会监督、问责追责，让河长制"长牙带电"。如今，治水工作成效显著，河库"体质"不断改善，"颜值"不断提升，全方位推动河长制从"有名有实"向"有力有效"转变。

隆回县木瓜山水库

【主要做法】

（一）夯实管护责任，全面提升治理能力

1. 河长履职能力持续增强

开展"河长履职强化年活动"，不断推动河湖长履职走深走实。隆回县共设立县级河长 16 名、乡镇级河长 267 名、村级河长 572 名，实现了县、乡、村三级河长全覆盖。严格落实《河长履职规范》和第 9 号省总河长令的要求，解决各类河库问题 1106 个。2023 年对 2 名乡镇总河长进行了约谈，纪委监委对 11 名村级河长通报批评。创新建立"河长＋警长＋检察长"协作机制，整合各方力量严打涉水违法行为。自机制建立以来，累计开展联合执法行动 220 次、办案 180 次，拘留非法采砂、违法排污等 37 人，办理公益诉讼河道非法捕鱼生态赔偿磋商案 4 起，立案查处违法捕捞案件 42 起、非法捕捞刑事案件 18 起，移送起诉 20 人，有效保障了水生态安全。

2. 责任落实更加有力

创新实施"黄橙红"三色预警机制，构建"纪委监委＋三色预警"工作新模式。"黄色交办单""橙色催办单"及"红色督办单"所涉及的整改事项均由县纪委监委进行全程督办,实现"强监管"与"强监督"协同发力、同频共振,有效实现问题交办"清零"的目标。2023年,共发出黄色预警56个、红色预警3个,相关问题已按期整改到位。水利部1513个河湖遥感疑似问题图斑,全部复核并完成了308个属实问题整改;另外,省级推送的229个问题图斑已全部完成整改并销号。

3. 全民共治逐步形成

建立"保洁员+'河小青'志愿者+民间河长"模式,吸引了一大批社会志愿者和专业人员加入治水护河队伍。隆回县聘用河库保洁员1225名、'河小青'志愿者1000名、民间河长2000名,开展"清河净滩"行动102次,在全市率先成立"隆回县'河小青'行动中心","河小青"志愿者全年开展巡河护河等活动20余次。广大青年志愿者以实际行动守护河流,同时也带动了更多的社会力量参与到"节水、爱水、惜水、护水"的行列中来。

(二)创新管护模式,全面提升工作效能

1. 河道管护效率不断提高

通过推行社会化服务,有效提高了河道管护效率。对县城赧水元木山水电站至洞口搭界处河道,投入180余万元聘请第三方公司进行打捞作业;对其他河道安排保洁经费1020万元,由保洁员开展常态化打捞工作;投入300万元对全县243座小型水库实施管理标准化创建和运行管护社会化服务。在全市率先启动农村垃圾收集转运系统市场化运作,采用PPP模式引进中联重科,将农村垃圾收集转运到县城进行处理。这一举措对河道、水库保洁工作起到了积极的推动作用,切实保障了生态安全。

2. 人大、政协作用全面发挥

充分发挥人大代表、政协委员的监督职能,创新建立"河长制+人大代表、政协委员"工作机制。隆田县聘任人大代表、政协委员各16名担任河长制监督员,积极向群众征集关于河长制工作的建议和意见,将发现的问题开具书面交办单,反馈至乡镇河长办及相关职能部门,并要求限期整改。2023年,监督员共开展巡查监督22次,覆盖区域内各重点河流及水域,巡查发现问题8个,下发书面交办单8份,问题整改反馈率达到100%。

3. 社会监督扩面提效

推动河长制工作从"政府治"向"全民护"转变。隆田县设置了河长公示牌301块、库长公示牌243块。举办河长制专题电视问政活动,并制作河长制暗访专题片进行曝光,有效解决了河库"四乱"问题。建立"智慧河湖"信息平台,配备无人机强化河库常态化监管,助力河库长巡河。同时在全县重要河流安装164个高清摄像头,整合防溺水、渔政等监控设施,实现了全方位、网格化的预警监测。

4. "三长"合力逐步加强

全面落实"河长+河道警长+检察长"的"三长"管理责任体系，积极开展联合巡河执法工作，建立"联合巡河办案"机制。隆田县共设立县级河道警长26名，镇村河道警长259名，检察长4名。2023年，开展联合巡河执法活动20次，召开2023年度"河长+河道警长+检察长"联席会议3次，共同研讨非法捕捞、打击非法采砂等生态保护领域工作中存在的具体问题，分析研判生态资源破坏风险。2023年出动执法人员330人次，累计查处涉水等案件18起，查获渔获物百余公斤，对21人采取强制措施，依法移送审查起诉18人，收缴并销毁非法渔具100余套、渔网60余张、非法船只20余艘，移送线索2起，处理生态环境损害赔偿磋商案1件，处罚生态环境损害赔偿金23058.09元，刑事拘留1人，有力地打击了涉水违法行为。

5. "碧水支部"织密治水管水护水网

2023年以来，隆回县突出党建引领，推行河湖管理"支部建在河道上"的新举措，打造"碧水支部"，充分发挥支部的战斗堡垒和党员先锋模范作用，打通基层治水管水"最后一公里"。隆回县各乡镇（街道）成立"碧水支部"，沿线村（社区）设立巡河护河党小组，设置党员巡河护河示范岗，构建"党支部+党小组+党员"的三级巡河护河体系。目前，已建立碧水支部25个，党小组521个，设立党员护水先锋岗3100多个。自"碧水支部"成立以来，带领党员干部清理河流水库垃圾达2万吨，解决河库"四乱"等难题121个，营造了河库管护共谋、共建、共管、共享的浓厚氛围，打造了党员与社会各方力量积极参与治理的"共同体"，探索出践行"绿水青山就是金山银山"理念的隆回实践样板。

（三）创新宣传模式，全面提升品牌形象

1. 网红歌手唱出河长制好声音

为充分展示"河长制"工作成果，积极营造全民爱河护河的良好氛围，隆回县邀请《早安隆回》作者袁树雄创作了河长制歌曲《水润隆回》。2023年9月，隆回县举办了该歌的首发仪式，参与群众达2万余人，成为继《早安隆回》之后又一火爆歌曲，在抖音、微信视频号等平台的播放量近7000万次。此外，还邀请中央电视台制作了河长制专题宣传片，隆回县的河长制创新工作做法在中央农业农村17频道得以报道。

2. 摄影大赛拍出河长制好图画

为全方位展现隆回县河湖的新风貌，充分激发全社会关心、支持和参与河湖管理的热情，2023年4月，隆回县与湖南省民俗摄影家协会共同举办"丰源杯"水韵隆回摄影大赛。活动共征集到各类摄影、视频作品9000余幅，经过评选，最终有70件作品获奖，其中图片65幅（组），视频5个。这些作品从多个角度、不同镜头展示了隆回县"河畅、湖清、

水净、岸绿、景美"的新面貌。

3. 主题公园展示河长制好文化

隆回县因地制宜打造河长制主题公园、河长制文化广场等特色亮点项目，全力推动河长制工作提质升级。先后建成县城、羊古坳、小沙江3个河长制主题公园，将观赏与科普相融合，兼顾知识与趣味，把河长制主题标识景观化，塑造了各种水元素造型，打造成集宣传、教育、休闲、娱乐于一体的综合性主题公园，实现了河长制从"纸上"到"现实"的转变，深受群众好评，美丽河湖成为了映射品质生活的美好底色。

4. 标准化办公室建设河长制好阵地

为夯实基层河湖长制工作阵地堡垒，提升基层治河管河工作的战斗力，隆回县按照"六有"（有活动场所、有设施设备、有河长网格图表、有上墙制度、有治河成果、有人员保障）要求，持续推进河长办标准化建设工作，打造一个集"风采展示、监督评价、交流学习、宣传发动"于一体的新型平台。目前，25个乡镇（街道）的河长办标准化已建设全面完成，实现了河长制工作的标准化、规范化和制度化，为落实河长制"保驾护航"。

赧水隆回段（二）

【经验启示】

（一）压实责任是关键

推行河长制，是习近平生态文明思想的重要实践体现，也是党中央、国务院作出的重大决策部署。各级河湖长是河湖管理保护的第一责任人，必须提高思想认识，提高政治站位。河（湖）长不仅要有名，更要有实，切实进入角色，做到名副其实；不仅要挂帅，更要亲自出征，敢于碰硬，真正做到踏石有印、抓铁留痕。要充分发挥考核评价的指挥棒作用，制定科学规范的考核办法，坚持激励与约束并重，树立激励担当、奖优罚劣的鲜明导向，杜绝"干好干坏一个样"的不良现象。追责要严，不能雷声大雨点小，更不能庇护迁就、心慈手软，对于敷衍塞责、不担当、不作为、失职渎职的单位和个人，要依法依规从严进行追责问责。

（二）基层基础是保障

基层的优势在山、优势在水，但这同时也是深入推行河长制的薄弱环节。基层河长制工作实不实，基础工作牢不牢，直接关系到河湖管理保护工作的成效。隆回县出台"两长两员"办法，旨在解决基层运转难以保障的问题。一要强化人员保障。县、乡、村三级是河长制工作的实战主体，河长制的所有工作都需依靠他们去落实，不能因为河长职务变动或河长办工作人员不足等问题，影响河长制工作的持续性、长期性，更不能出现人员安排不到位或形同虚设的情况。要加强对基层河长与河长制工作人员的培训，多开展河长制交流研讨活动，积累经验，形成完善的河长制工作体系，以能更好地服务河长制工作。二要强化资金保障。河长制工作涉及面广，是一项复杂的系统工程，抓好河长制工作是一项长期而艰巨的任务，需要大量的资金作为支撑，如果不能有效解决工作经费和专项经费等资金问题，工作必定难以推进。目前，隆回县财政已解决县、乡河长制工作经费和河库保洁经费，让基层有钱办事。同时，要积极协调争取上级资金，加大对中小河流治理、农村环境整治、乡村振兴等项目资金的整合力度，广泛吸引企业等社会资本投入。只有通过多渠道筹集资金，才能有效保障河库治理经费的落实。

隆回魏源湖湿地公园一角

（三）监督问责是手段

在河长制实施之前，河道管理存在"多龙治水、无主牵头、群众不满"的问题，河道突出问题久拖未决。自全面推行河长制以来，隆回县把握新时代治水的新要求，落实"水利工程补短板、水利行业强监管"的水利改革发展总基调，聚焦河道"五乱"、水质达标困难等水环境突出问题，只有通过机制创新来解决"部门单一作战，行业补位不够"的问题，探索建立"河长＋部门＋警长＋检察长"联动共治工作机制，才能构建河湖管理的新秩序。采取"广宣传、广发动、广互动"的方式，解决"政府单打独斗，社会参与度不高"的问题。抓好河湖管理保护工作永远在路上，需要我们守正创新、立破并举，持而以恒、久久为功。

（邵阳市水利局、隆回县水利局供稿，执笔人：秦帅彬、阳胜虎）

湖南省河湖长制 工作创新案例汇编

流域统筹协调

做好"水文章" 答好"生态卷"

——郴州市高质量推进西河流域综合治理

【导语】

西河是耒水最大的支流，源出北湖区骑田岭后鼓山西麓。其流域面积1609平方千米，呈长条形，干流长172.80千米，先后流经北湖、苏仙、桂阳、永兴四个县（区），最终汇入耒水。在综合治理前，西河及其重要支流存在河道淤积严重、水系连通建设力度不足、生态资源开发利用欠缺等问题。

近年来，郴州坚持系统观念，统筹谋划，考量流域的水安全、水资源、水生态、水景观、水文化、水产业，结合乡村振兴战略，紧扣民生需求，推进西河全流域、全要素综合整治。如今，将西河建设成为集防洪排涝、生态廊道、乡村振兴等综合功能于一体的幸福河湖。良好的水生态环境，成为经济社会可持续发展的支撑点，也成为人民幸福生活的增长点，为助力乡村振兴作贡献，打响"郴州好水，生活更美"品牌。

【主要做法】

（一）管水：强化担当扛牢责任

郴州全市上下切实强化使命担当，坚决扛牢"守护好一江碧水"的政治责任，巩固成果、提升成效，推进河长制在西河实现"有名""有实""有效"。

1. 坚持高位推动

2022年，郴州市围绕"全力把西河打造成乡村振兴示范带、全国最美河流、国际乡村休闲旅游示范区"的目标，制定并完善了《郴州市西河幸福河湖提升提质工程三年工作方案（2022—2024年）》，将西河作为全面构建郴州治水"水立方"的先行先试示范流域，积极开展幸福河湖建设工作。2023年5月，郴州市总河长会召开，双总河长强调要强力推进西河全流域综合治理。

2. 坚持以上率下

郴州市委、市政府主要领导率先垂范，严格履行"双总河长"职责，主动承担重点水域保护和治理责任，下发总河长督办单 14 份，带动西河沿线北湖、苏仙、桂阳、永兴 4 个县（区）各级河长开展巡河 3.5 万余次，有效推动各类涉河问题得到有效解决。

3. 坚持协同治理

持续深化"河长+部门""河长+警长""河长+检察长"工作机制，扩大巡河"朋友圈"；推进政协"委员河长"机制。截至目前，西河流域共确定政协"委员河长"46 名，政协"委员河长"的足迹遍布西河各段，开展巡河近 80 次，反映问题 120 余个，形成微建议 36 条，助推解决了西河一批河湖生态环保问题。

西河风光带的秀丽风景

（二）治水：河畅水清守护安澜

坚持问题导向，综合施策，加强西河及其水域岸线管理保护，推进防洪排涝能力建设，切实改善水环境，实现"河畅水清""岸绿景美""人水和谐"的目标。

1. 全力整治河道堤防

明确划分河道管理范围界线，新建生态护岸 53.74 千米，治理江心洲 6 处；新建吴山活动蓄水坝、生态拦河闸、油塘坊水坝等 5 座水坝，新建 3 处河湖（塘）连通工程、4 处活水进村小微水体连通工程，并配套完成 20 余座堰坝（坎）的新建与更新改造，新建茅坪坝村等 3 地 4 处水轮泵站，提高防洪排涝能力。

2. 全面开展清淤疏浚

完善河道保洁工作方案，加强河道保洁工作力度，建设河道监控、垃圾处理设施及垃圾处置点，全面清理整治河道河岸、水库大坝及周边的垃圾、淤泥等，切实改善水质，维护河道健康，保障行洪安全，提升西河水域环境，完成河道清障 12 处，河道清淤疏浚

25.12千米，山塘清淤78座，清淤总量约42万立方米。

3. 扎实推进污水治理

优化排污口布局，实施截污改排，避免污水直排西河，强化长效管护机制，显著提升水安全保障水平，已建成鲁塘、华塘镇、悦来镇、油麻镇、城南新区等污水处理厂，建成农村生活污水处理设施146个，计划新建8个乡镇污水处理厂及其配套设施，预计建成后日处理污水能力可达7507.5吨。

西河悠悠碧水

（三）用水：水源安全润泽民生

坚持节水优先理念，积极探索西河流域水循环利用的节水模式，保障西河沿线灌溉用水，提升农业效益，关注民生福祉，保护饮用水水源，强化供水保障，让群众喝上"放心水""优质水""幸福水"。

1. 强化水源工程保障

常态化开展水库安全鉴定、评价工作，保障水库运行安全。有序推进病险水库除险加固工程建设，为汛期防洪、干旱期间保供保灌提供水源工程支撑。已完成花树下、铁坑、王家冲、上沅等66座小型水库的安全鉴定。

2. 提升农业用水保障

开展水系连通及水美乡村建设工程，构建防洪网络、水资源配置网络和水绿生态网络"三网合一"的水系网络，改善灌溉面积8350亩，新增灌溉面积2400亩，保护农田6100亩。同时，开展小水源供水能力恢复建设项目，完成山塘清淤193座。

3. 加强生活用水保障

沿线建设农村集中供水工程487处，农村自来水普及率达到92.55%，整治15个农村"千人以上"饮用水水源地的生态环境问题，完成7处渠道应急抢修、62处人饮工程加固，使45余万群众受益。流域各县（区）建成国家级县域节水型社会，北湖区鲁塘河小流域生态清洁项目已完成竣工验收。

（四）护水：美丽画卷环境宜居

坚持生态优先理念，开展水生态环境修复，全力整治人居环境，改善环境质量，建设各具特色、百花齐放的美丽乡村，大幅提升乡村宜居水平，打造"望得见山、看得见水、记得住乡愁"的特色山村。

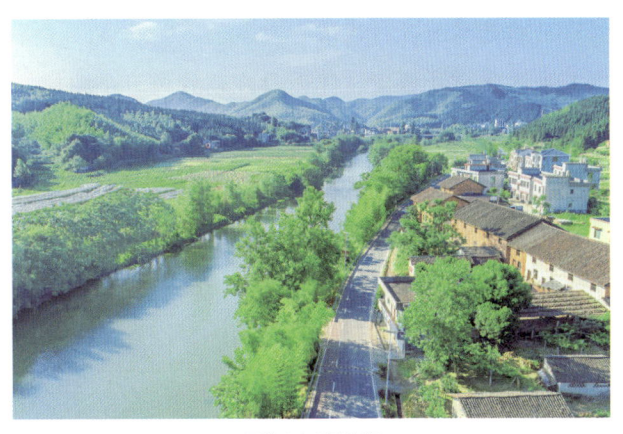

西河水清岸绿

1. 推动生态修复治理

重点推进西河国家湿地公园、吴山村及招旅活水渠、吴山湿地公园等生态修复项目。持续种植树活动美化乡村，因地制宜种植4.3万余棵柚子、梨、冰糖橙、柿子等果树和16.1万平方米地被植物，实现西河沿线主要道路、游道绿化率达90%以上，塘堤岸坡绿化率达到100%，7个村获评"森林乡村"。

2. 开展人居环境整治

全力推进"厕所革命"，利用拆除危旧房屋的材料，改造建成小菜园、小果园、小禽园，改善村容村貌。建成"美丽屋场"示范点42个、"美丽庭院"83户。西河沿线乡镇创建省级特色精品乡村7个、省级美丽乡村示范村23个，瓦灶村和保和瑶族乡小埠村入选"中国美丽休闲乡村"。

西河沿线省级美丽乡村示范创建村——板屋村

3. 推进水美乡村建设

融入水文化要素，建设月峰瑶族村、小埠村、石山头村、三合村、吴山村、茅坪村以及和谐村7个水美乡村，沿线共打造绿色村庄30个，勾勒出"流水清波似画屏"的山水诗画长卷，将西河打造成极具特色的"山水画卷、西河走廊"。

（五）兴水：富裕西河振兴乡村

转化生态价值，依托西河丰富的水资源，走出一条特色发展之路，扎实推进产业生态化、生态产业化，激活水系，助推乡村振兴，造福于民、致富于民，让"绿水青山"成为"金山银山"。

1. 培育新型市场主体

依托水资源优势，积极谋划农业综合开发项目，加强农业产业基地建设，以实现带动农民增收致富的目标。新增8个粤港澳"菜篮子"认证基地，发展11个蔬菜基地，年销售新鲜蔬菜2100万公斤，带动发展周边农户5300余户，为周边村民提供就业岗位2100个。

西河沿线草莓种植园

2. 创建农业特色品牌

深入开展品牌强农行动，秉持质量兴农、绿色兴农理念，让沿河村庄因水而起、因水而美、因水而兴。成功创建省级示范家庭农场14家、省级示范农民专业合作社5家，市级示范家庭农场27家、市级示范农民专业合作社12家。

3. 挖掘涉水文化内涵

大力弘扬农耕文化，推动文旅融合发展，深度挖掘三合村"五古"、石山头村侍郎休闲旅游内涵。不断提升西河文化影响力，《那河那村那人》荣获第三届全国短视频公益大赛优秀奖，许家洞镇获评全国第三批乡村治理示范镇，华塘镇入选湖南省乡村振兴十大优秀案例典型乡镇，《探索"四变"路径打造乡村振兴"北湖样板"》被《湖南改革》作为典型经验推介。

【经验启示】

（一）坚持规划引领是前提

坚持规划先行，将水系保护与合理利用作为重点，对照"一河一策"多措并举，推进水生态系统保护与修复。强化全局谋划，形成高位推动、领导带动、协调联动的治理格局。利用周边水资源，引水入村，通过科学布设池塘、水渠、水沟等，营造"村中有水、水中有村"的景象，实现人水和谐。

（二）加强系统治理是根本

以河长制为抓手，围绕"水安全、水环境、水生态、水景观、水文化、水产业"统筹推动系统治理工程，开展河流及其水域岸线管理保护工作，巩固维护流域系统治理成效，稳步推进水系连通及水美乡村建设。以高站位谋划，层层压实责任，一级抓一级，层层抓落实。

（三）深挖涉水文化是关键

以更好地满足人民群众物质和精神文化需求为目标，结合沿河两岸文化类型与特征，充分挖掘工程自身文化功能及周边历史文化内涵，从保护、传承与弘扬的角度，将水利工程与周边环境及工程自身蕴含的水文化元素有机融合，将历史和地域文化融入景区，打造丰富多彩、水景相融的幸福河流。依托地方主流媒体、行业媒体及网络新媒体等传播载体，做好水文化传承与弘扬工作。

（四）发展绿色产业是支撑

结合自然地理条件和水系特征，充分考虑第一、二、三特色产业发展需求，根据地方"水生态""水景观""水文化"特色，结合产业发展需求催生绿色"水经济"。大力推动形成资源消耗低、环境污染少、科技含量高的绿色产业结构，打造绿色产业链，将良好的水生态环境转化为极具潜力的绿色发展增长极。

（郴州市河长办供稿，执笔人：欧阳志杆）

湖南省河湖长制 工作创新案例汇编

区域联防联治

协同立法　　首开先河

——株洲市、萍乡市《萍水河—渌水流域协同保护条例》立法实践

【导语】

渌水，是湘江的一级支流，发源于罗霄山脉北麓的江西省萍乡市杨岐山，一路向西奔腾，流经湖南省株洲市醴陵市、渌口区，最终汇入湘江。河流全长168千米，上游称萍水，萍水与澄潭江在醴陵市双江口汇合后，始称渌水，在株洲市境内主河长82千米。

萍乡市的钢铁、化工等产业基地，以及醴陵、渌口的陶瓷、建材等产业布局在渌水两岸。2018年以前，湘赣两省交界断面的渌水水质长期超过Ⅲ类水质标准，有些月份达到Ⅳ类，甚至劣Ⅴ类，渌水浑浊不堪，污染严重。

实施河长制以来，为解决水质问题，株洲、萍乡两市在生态补偿、水污染事件联防联控、水利综合治理等方面开展深度合作，签订了《渌水（萍水）流域综合治理水利工作合作协议》《渌水跨省界流域联防联控联治河长制工作合作协议》《渌水河、萍水河跨省界流域水污染事件联防联控合作框架协议》，2019年7月，湘赣两省人民政府签订《渌水流域横向生态保护补偿"湘赣对赌"协议》，对株洲、萍乡两市在水污染事件联防联控、污染综合治理等方面进行深入探索。至2020年，渌水水质基本达到Ⅱ类标准。渌水莲石段、醴陵市城区段、渌口城区段被评为湖南省"美丽河湖"。

湘赣两省、株萍两市打破"一亩三分地"的思维模式，探索护河新路径，广泛协同，广征民意，积极推动萍水河—渌水流域协同保护立法工作，以法治化手段推进萍水河—渌水流域协同保护。2023年10月31日，株洲市、萍乡市人大常委会同步表决通过了《萍水河—渌水流域协同保护条例》（以下简称《条例》）；2023年11月30日，湖南、江西两省人大常委会同步审查批准《条例》。这是全国首部在跨省流域市级层面开展的协同立法成果，也是全国首部跨省设

区市法规文本相同的地方性法规。该法规于 2024 年 1 月 1 日施行，跨界河湖管理保护实现了从"协议"向"立法"的升级，为区域联防联控、协同立法提供了可复制的立法模式。

渌水醴陵市城区段河景

【主要做法】

（一）湘赣一心，首开先河

萍水—渌水是株萍两市、湘赣两省的"生态河"，也是"民生河"，更是株萍两市的"母亲河"。株洲历届市委、市政府高度重视河湖管理保护工作，开展了一系列治理保护行动，2020 年提出创建"全域Ⅱ类水"目标，当年全市主要江河水质均达标，唯有渌水水质偶尔超标。仅渌水流域就有饮用水水源地 266 处，河流水质的好坏，不仅关系生态环境，更关系到老百姓的饮用水安全。为解决此问题，株洲市河长办积极对接各职能部门商讨对策，大家一致认为立法保护是最实用、最有效的方法。株

渌水（萍水）协同保护立法工作会议

洲市河长办积极向市委、市人大、市政府汇报，请求支持。2022 年 7 月 7 日，湖南、江西两省人大常委会法工委就湘赣携手开展萍水—渌水流域协同保护立法达成共识，具体由株洲、萍乡两市实施。株洲、萍乡两市人大常委会同步将萍水河—渌水流域协同保护立法列入 2023 年立法计划。至此，株洲市、萍乡市协同立法工作正式按下"启动键"。

（二）破壁协同，凝聚共识

湘赣两省、株萍两市打破行政区划界限，协同立法、携手治水。在《中华人民共和国水污染防治法》《中华人民共和国水法》《湘江保护条例》等诸多上位法对水资源保护、水污染防治等实体内容已有具体规定的基础上，聚焦水质、水量、航道建设等需要上下游

协同配合的事项，旨在探索协同推进生态优先、绿色发展和河湖治理新路。为加快工作推进，两地成立由两省人大常委会法工委领导担任组长的协同立法跨省领导小组，以及由株萍两地司法局、生态环境局、水利局等相关部门，第三方起草团队，人大环资委和法制委六方面人员组成的跨省立法工作专班，全面提升了协同立法质效。针对立法方向、法规名称等方面存在的分歧，两地广泛征求意见，通过双方讨论凝聚共识。其间，集中对条例草案改稿17次，先后召开跨省专班双组长会议10次，协商解决了"为什么要协同立法""与谁协同""怎样进行协同"等问题。进一步明确株洲市与萍乡市人民政府之间要全面协同，切实加强萍水—渌水流域协同保护，提升水生态系统质量。通过建立联席会议，制定行政规范性文件，实施联合河长制、信息共享、联合巡河、执法联动、专项整治、应急演练等措施，以及建立生态保护补偿、公众参与协同保护监督、政府问责、人大监督等制度机制，最终实现了决策协同、政策协同、工作协同和保障协同，开启了跨省市级层面生态保护、河湖治理的新探索。

（三）开门立法，广纳民智

株洲市河长办先后5次到渌口区、醴陵市、萍乡市相关区域开展实地调研，深入了解渌水沿线企业与居民的生产生活情况、取用水情况和污染物排放情况。其间，召开座谈会议3次，广泛听取意见、收集公众智慧，将水污染排放、饮用水水源保护、水量分配、生态流量控制、水生态环境监测、河道保洁、港口码头建设等河长制重点工作融入《条例》，推动建立渌水流域联合河长制，明确每年开展不少于2次的联合巡河，以便会商解决巡河过程中发现的问题。跨省立法工作专班开展联合立法调研14次，走访沿线15个乡镇、32个村，回收调查问卷5000多份，收集人大代表、政协委员、高校学者专家、省市部门和相关县（市、区）党政负责人，以及社会公众意见建议460多条。此外，召开跨省协调领导小组会议3次、跨省专班双组长会议10次，集中改稿17次。2023年9月27日，在两省人大常委会法工委主任的悉心指导下，株萍两市就共同关切的内容全部达成共识，形成统一的文本。

（四）同向发力，落地见效

《条例》的出台，为萍水河—渌水流域依法开展水生态环境保护工作，以及流域综合治理、系统治理、源头治理，提供了强有力的法治保障。这将持续推进流域生态持续稳定向好，助力区域协调发展迈向更高水平。通过协同立法解决了信息不透明、不共享，执法不配合、应急不联动等"堵点"问题，推动跨区域、跨部门涉河重点难点问题的解决，打通了两地工作壁垒，实现信息共享、流域共治、生态共护的工作目标。严格执行《条例》的各条规定，督促萍水河—渌水流域所涉及的各级人民政府履行主体责任，建立协同保护机制，解决协同保护中的重大问题，并统筹安排所需经费。各级河长应充分发挥关键作用，常态化开展巡河工作，及时发现并解决河湖问题，形成责任共担、流域共治的工作模式，全力打造渌水幸福河湖升级版。《条例》实施半年以来，株洲、萍乡两地紧密联动、积极互动，常态化开展联动执法、联合巡河，加强信息共享，及时互通水情、雨情等重要信息，并联合开展专项整治行动，严厉打击违法行为。2023年，共同办理非法捕捞案件3起、采取刑事措施4人，联合抓捕污染环境逃犯2人，两地携手合力守护一河清水。

渌水渌口区段河景

【经验启示】

（一）专班牵头彰显党委政府"统筹之力"

两地打破行政区划界限，携手开展治水工作。在立法过程中，针对立法方向、法规名称、规划协同的层级、生态补偿机制、是否规定航道协同等内容，存在许多分歧。为化解这些分歧，双方先广泛征求各方意见，再由跨省立法工作专班进行讨论。若跨省立法工作专班无法形成共识，则提交跨省专班双组长讨论；若仍无法达成共识，便提请协同立法跨省领导小组讨论。双方也在一次次讨论中提高认识，凝聚共识，彼此间的关系也越来越紧密。在本次立法过程中，两地共集中改稿17次，召开跨省专班双组长会议10次、跨省协调领导小组会议3次，所有分歧都达成共识。

（二）协同立法处处体现"人大之为"

在两省人大常委会法工委领导的精心指导下，株萍两市人大突破"一亩三分地"的思维，聚焦萍水—渌水流域保护中需要携手解决的问题，开展同步立项、共同调研、共同起草、形成统一法规草案、同步审议、同步实施、同步宣传、协同开展监督等工作，探索出紧密型、全过程协同的"八同"立法新模式，为区域协同立法提供了可复制的立法模式。2023年10月31日，两市人大常委会同时召开常委会会议，对《条例》草案进行审议，并在当次会议上予以表决；2023年11月30日，两省人大常委会同步审查批准《条例》，实现了"一个文本，两家通过"的协同立法目标，成为全国首部跨省设区市法规文本相同的地方性法规。

（三）《条例》是渌水生态保护"法治之墙"

习近平总书记在全国生态环境保护大会上深刻指出，要用最严格的制度、最严密的法治保护生态环境，加快制度创新，强化制度执行，使制度成为刚性约束和不可触碰的高压线。《条例》的制定是推进生态法规体系建设、贯彻落实习近平生态文明思想的重要举措。《条例》聚焦当前渌水水质、水量、航道建设等问题，通过决策协同、政策协同、工作协同和监督协同等方式，实现上下游联动，全方位筑牢渌水生态保护的坚固防线。

（株洲市河长办供稿，执笔人：陈湘鄂）

湘鄂共治　"党建红"引领"碧水清"

——临湘市推进黄盖湖流域综合治理实践

【导语】

　　黄盖湖地处长江中游南岸，既是湖南省临湘市与湖北省赤壁市的界湖，也是湖南第二大内湖。在湖长制实施之前，黄盖湖两地各自为政，执行的标准各不相同，导致监管效果不佳。自2017年以来，临湘市以全面推行湖长制为契机，主动与赤壁市对接，共同探索跨界湖泊的共管模式，成功打造出"七联"共治跨界管护1.0版，有效解决了长期困扰黄盖湖两地综合治理的难题。

　　为进一步推动黄盖湖管护能力升级，2023年，临湘市强化"党建＋河湖长制"双重责任制，与湖北赤壁联合成立了中共湘鄂黄盖湖碧水联合支部委员会，并设立党员管护先锋岗。通过实施水域网格化管理，建立起水域卫生管理长效机制，切实打通基层河湖管护"最后一公里"，河湖水域卫生保洁质量得到显著提升，为跨省河湖联防联治积累了丰富的经验。

中共湘鄂黄盖湖碧水联合支部委员会阵地

【主要做法】

（一）党建引领聚合力

相继出台了《黄盖湖全面跨界管护推行支部建在河道上试点工作方案》《临湘市推行支部建在河道上工作方案》，临湘市实施"党建＋河湖长制"双重责任制，并与赤壁市联合成立中共湘鄂黄盖湖碧水联合支部委员会，支部办公室设立在临湘市铁山咀电排站。该支部委员会配备书记1名，副书记2名，支部委员4名，拥有护水先锋党员38名、护水志愿者46名。制定了涵盖支部学习培训、巡湖巡查、问题整治、文明劝导、环保宣传等内容的"五个"任务清单：每半年至少组织1次集中学习；每季度开展1次主题党日活动；每月开展1次乡风文明劝导活动；持续推进常态化先锋巡护。以多样化的党建活动形式，将河湖管护责任切实落实到每个党员先锋岗，抓好河湖长效管护工作，把支部主题党日活动开到河边，让"守护幸福河流"成为常态化党建主题，促河流管护工作"长治"，保持河湖良好的生态环境、促进河湖功能永续发挥。

此外，县级有关部门与湘鄂"碧水支部"开展联建共管，协同作战。建立"碧水支部"河湖问题发现、报告、处置机制及责任清单，充分运用"无人机航拍＋视频监控"等技术手段，加大河湖问题的排查力度，各部门密切配合，全力抓好问题整治工作，全面提升河湖管护效能。

（二）先锋示范添动力

黄盖湖实施水域岸线网格化管理，两地84名先锋党员和护水志愿者主动认领管护湖段，开展常态化巡查巡护，确保责任区域每周巡查全覆盖。充分发挥党员先锋模范作用，带头守护"身边湖"，自觉做到不乱扔、不乱排、不侵占、不破坏，杜绝滩地放牧和家禽散养现象，禁止在天然水域投肥投饵，坚决打击非法捕鱼等行为；发挥"监视器"和"扫描仪"作用，并及时制止破坏河湖生态行为，全面收集河湖问题，及时反馈至党支部或县、乡河长办；积极推广利用河长制公示牌监督电话，鼓励群众监督并举报企业、单位、个人破坏水生态水环境的违法行为以及河湖"四乱"问题。

2023年，临湘市与湖北省黄盖湖镇、临赤渔政站开展联合巡湖行动4次，严查严治违法捕捞、水域污染等行为，常态化落实"十年禁渔"任务。共实行党员联合志愿劝导、义务巡逻12次，先锋岗巡湖5268次，在巡河中发现的47个一般性问题，均及时予以制止、整改，黄盖湖全年无一例新增"四乱"问题，全方位构建水域生态联合治理格局，为生态环境的可持续发展保驾护航。

（三）党群同心激活力

通过召开"屋场会""夜谈会"等活动，向沿湖周边党员、群众宣传河湖保护政策和法律法规，并通报河湖保护管理中发现的问题清单。积极开展乡风文明劝导活动，规范民风民俗，纠正生活陋习，培育良好习惯，从源头上减少垃圾和污水排入河道。将护水情况纳入评先评优、文明户等评比内容，以此调动群众护水的积极性。鼓励群众加强对河湖问题的监督举报，倡导广大党员"随手拍"，及时将河湖问题反映至"碧水支部"小组，按照"一切工作到支部"的工作要求，通过制定支部学习培训、巡河巡查、问题整治、环境保护、环保宣传、文明劝导等内容的"六个一"任务清单，将巡河护河融入支部常态化、规范化、制度化的组织生活中，营造党群同心共管的良好氛围。

2023年，通过宣传引导，共有130余名党员志愿者加入护湖先锋队，累计参与清河净滩行动760余人次，清理河岸垃圾、打捞水葫芦和漂浮物等约2.1吨。基层党员参与巡河巡查、问题整治、环境保护、环保宣传、文明劝导已成为常态，切实增强了群众水域共治意识，营造出群防群治的良好氛围。

自联合党建引领工作开展以来，临湘市与赤壁市以"六联共建、先锋同行"区域党建活动为契机，遵循"党建引领、双向发力、互促共赢"的原则，聚焦碧水联护，持续提升湘鄂区域化党建能级，进一步强化了黄盖湖的治理与管护。如今，监测水质常年优于Ⅲ类标准，湖边岸芷汀兰，候鸟飞翔，湖区重现生态湿地风光。湖南省、岳阳市多家媒体对黄盖湖湖长制工作的典型做法及管护成效进行了专题报道，黄盖湖被省河长办、红网联合评选为"湖南省美丽河湖"。

【经验启示】

（一）"守护一湖碧水"是跨界管护共同的美好目标

临湘市深入贯彻习近平总书记在深入推动长江经济带发展座谈会上的重要讲话精神，落实习近平总书记考察岳阳时作出的"守护好一江碧水"重要指示，以及习近平总书记在新时代推动中部地区崛起座谈会上的重要讲话精神，全面推进湖泊水域空间管控、岸线管理、水资源保护、水污染防治、水环境综合整治、生态治理与修复工作，不断提升环湖群众的获得感、幸福感。

（二）党建引领、合力推进，是跨界管护开展的保障机制

做好新时代跨界河湖管护工作，关键在于发挥党组织的领导核心作用，将党的政治优势、组织优势转化为河湖长制工作的强大动力，实现"哪里有党员、哪里就有党的组织，哪里有党组织、哪里就有党的工作"，打破各自为政的困境，消除跨界河湖管护工作障碍。

联合支部统一领导，共同协商解决黄盖湖重要涉湖问题，对水环境保护、水污染防治、水生态修复、水景观提质、水经济发展等工作统一思想、协调步调，共促环湖一体联动。

（三）党群共治、同心共护，是湖长制实施的创新模式

临湘市和赤壁市在黄盖湖水生态环境综合治理、巡查执法等领域展开深度协作，以"七联"共治模式为基础，充分发挥党员干部身处前沿的力量，利用镇村河湖长、党员、乡贤扎根基层、贴近一线的优势，运用示范引领、交流引导的工作方法，成功营造出环湖地区党群共治、共护的良好氛围。共管共治、联防联治的模式，为实现湖泊功能可持续利用筑牢根基，也为打造"河畅、水清、堤固、岸绿、景美"的河湖生态体系作出有力贡献。

黄盖湖景观

（临湘市水利局供稿，执笔人：陈诚、张添）

湖南省河湖长制 工作创新案例汇编

部门分工合作

创新审计技术方法　推动采砂规范管理

——湖南审计推动Y市整治违规采砂乱象

【导语】

为深入贯彻落实《中华人民共和国长江保护法》《长江河道采砂管理条例》，以及水利部部署的长江流域河道采砂专项整治行动要求，湖南省相继出台《湖南省湘江保护条例》《湖南省湘资沅澧干流及洞庭湖河道采砂规划》《湖南省河道采砂管理条例》等一系列法规和规划，明确划定了禁采区、限采区、可采区。

近年来，湖南省审计厅紧扣"协同推进生态环境保护和绿色低碳发展"加强审计监督，通过开展领导干部自然资源资产离任审计和生态环境专项审计，重点关注禁采区实施盗采、违规扩大可采区范围或采砂时段，还有利用河道疏浚等项目名义变相采砂等突出问题，积极推动地方党委政府牢固树立正确政绩观，妥善处理高质量发展和高水平保护之间的关系。

2023年5—8月，湖南省委审计办、省审计厅统一部署，开展地方党政主要领导干部自然资源资产离任（任中）审计工作。在对位于洞庭湖区域的Y市开展领导干部自然资源资产离任审计时，从自然资源集约利用和水生态环境保护的维度，审计组聚焦该地区"三分垸田三分洲，三分水面一分丘"的地域特点，以及水域宽广、河砂资源丰富的资源禀赋优势，充分运用3S地理信息分析技术，以相关管理部门履职情况为主线，深入揭示河道采砂中存在违规越界开采、超量开采等违规问题，推动Y市迅速采取停采整顿、生态修复、完善制度、追责问责等有力措施，全面整治违规采砂乱象。

【主要做法】

（一）深入调查摸底，确定审计重点

审计组通过深入全面地调查了解被审计地区的经济社会发展现状和资源禀赋特点，来确定审计重点。调查发现，近年来受政策调整等因素影响，Y市山砂矿山开采数量大幅下降，采挖河道砂石并出售是地方经济收入的主要来源。审计组将河道与湖区的采砂事项作为审计重点，并对相关监管部门职责履行情况进行穿透式审计。根据《湖南省湘资沅澧干流及洞庭湖河道采砂规划》，Y市境内唯一划定的河砂可采区为B湖采区，规划开采总量为3800万吨。其中，Y市融资平台公司的下属公司负责砂石的采挖与销售等工作，市水利局、市砂石管理中心承担着河道采砂的监管职责。由于该采区开挖范围广、持续时间长，曾因越界开采侵占自然保护区等问题受到相关部门关注和通报。审计组决定以督促问题整改为契机，沿着"政策—资金—项目"的路径，分析原因，揭示其中存在的问题和风险隐患。

（二）系统分析研究，发现增量问题

审计组在充分调查研究和实地核查后，对划定可采区、自然保护地、饮用水水源保护区相关信息，以及历年高清卫星影像展开综合比对分析，其主要技术分析思路如下：

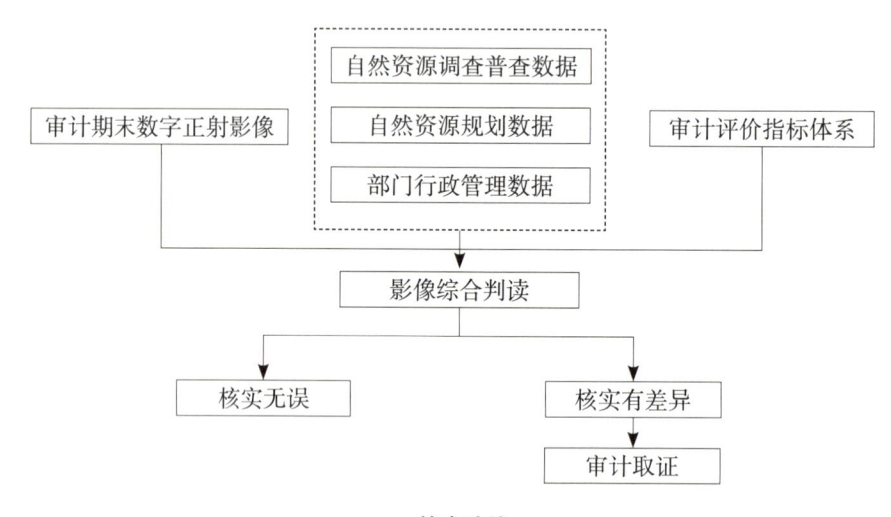

技术路线

审计组秉持"整改存量、遏制增量"的思路，一方面对前期督察通报问题的整改情况开展现场核查；另一方面运用最新的卫星影像，套合问题多发区域。经分析发现，采区范围内仍存在越界开采、超量开采的情况，以及湖滩存在大量异常孔洞等疑点。究其原因，Y市水利局和砂管办虽然制定了规范B湖采区开采的管理办法，但实际监管落实不到位。

技术分析发现，下图中标识的开采区域为督察指出问题之外新增的采区。影像显示，2021年第一季度B湖采区开始有大量采砂船进驻开采，周边湖滩地理现状基本保持完好。然而，到2023年第一季度，上述采区已出现了大量圆形孔洞，且大部分开采区位于南洞庭湖自然保护区范围内。

根据影像初步判断，审计组兵分两路。一方面，对河道采砂流程和技术规范进行全链条调查，从而掌握了影像中的孔洞为吸沙式采砂作业后的采挖痕迹；另一方面，通过现场无人机航拍对采区现状、范围进行取证，为后续问题定性、定量提供依据。

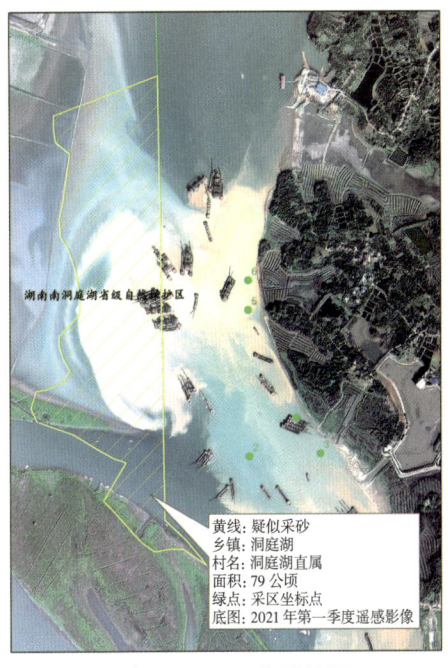

疑点采区 2021 年影像图 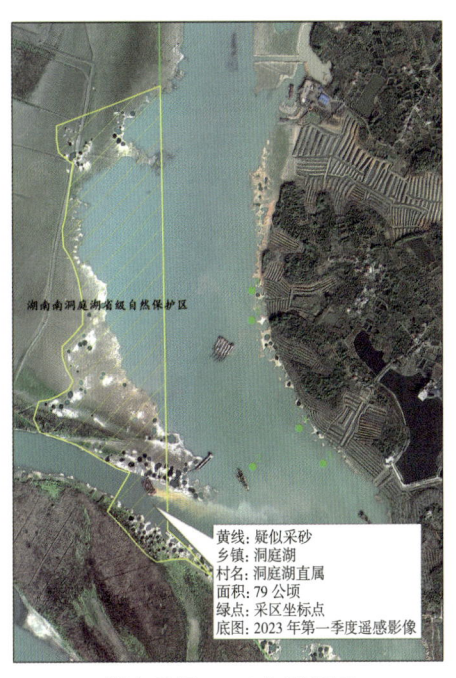　　　　　疑点采区 2023 年影像图

（三）开展穿透式审计，进一步厘清责任

根据上述技术分析成果，审计组分别前往 X 公司调查开采量和采砂经营收入管理使用情况，到财政部门调查采砂收益上缴财政情况，全面核实 Y 市采砂管理方面存在的主要问题。

1. 越界开采

自 2020 年以来，X 公司除被上级通报存在超时、超量、越界开采等问题外，审计还发现了新增的越界开采情况。

2. 违规超期审批开采

2023 年 3 月，Y 市水利局违规为 9 条挖砂工程船延期发放采砂许可证，导致超期采砂量达 1000 多万吨。

3. 现场监管不严，采砂区存在污染饮用水水源的隐患

经现场核查分析发现，由于 Y 市砂石管理中心对采砂现场管理松懈，采砂区采砂作业现场监控设备无存储功能，无法保存现场生产影像；开采区距离下游饮用水水源地保护区仅 4.5 千米，却未按环评批复要求设置防污帘，对下游饮用水水源水质构成威胁。

4. 采砂收益管理不规范

审计抽查发现，X公司砂石资源有偿使用费上缴财政后，存在先征后返的情况，未落实"收支两条线"管理。截至2023年6月，X公司仍欠缴砂石资源有偿使用费5300余万元。根据上述思路，审计组延伸审计Y市其他采砂企业和河道疏浚等项目的采砂处置情况时发现，Y市政府违规将省管河道航道疏浚工程产生的砂石委托M公司加工处置，2021年6—10月，取得的8900余万元砂石处置收入未上缴财政。

分析问题产生的原因，地方政府和相关职能部门为帮助融资平台公司经营转型，为其提供参与国有砂石开采的途径，对相关越界、超量开采，以及未按环保要求作业的行为监管执法力度不力，甚至默许违规采砂行为，导致出现重视短期经济发展却忽视自然资源管理和生态环境保护的现象。

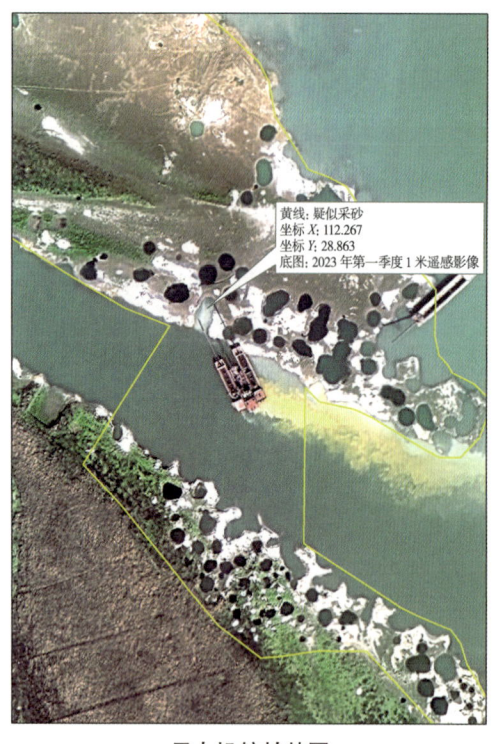

无人机航拍特写

（四）认真反思整改、严防问题复发

针对审计指出的问题，Y市制定了整改方案，明确了责任主体、整改内容、整改措施、整改要求、整改时限。市委、市政府及相关部门深刻反思，切实做到原因找准、将责任厘

无人机航拍对应高清卫星影像

清、把措施定实，确保整改工作取得积极成效。对 B 湖采区实施全面停采整顿，委托第三方专业机构开展监测评估、生态修复工作，并根据评估结果，启动生态环境损害赔偿程序或提起公益诉讼。

按照湖南省水利厅部署，Y 市抓紧推动采区高标准采砂电子监控系统建设；进一步修订完善监管制度，形成长效机制。Y 市还举一反三，在全市范围内开展专项整治，既抓好当前、靶向治疗，又坚持追根溯源、标本兼治，抓好常态化监管，严防同类问题再次发生。此外，市、县两级纪委监委对 16 名相关责任人进行追责问责，其中 5 人受到党内严重警告处分，5 人受到党内警告处分，1 人受到政务记过处分。

【经验启示】

（一）用好自然资源资产离任审计这一重要抓手

部分地方党委、政府领导干部在贯彻落实习近平生态文明思想，牢固树立正确政绩观，把握好高质量发展和高水平保护之间的关系等方面，仍存在认识偏差。习近平总书记指出"生态环境保护能否落到实处，关键在领导干部"。对领导干部开展自然资源资产离任审计，是推动实现人与自然和谐共生，美丽湖南建设目标的重要抓手。

（二）审计技术手段要与时俱进、敢于创新

充分运用大数据分析和 3S 地理信息技术等高科技手段，构建发现问题精准、核查问题高效的查证模式。

（三）切实提高审计成果的转化成效

要透过现象看本质，从违规采砂的乱象入手，沿着"政治—政策—资金"的脉络，深挖违规决策、违规审批、利益输送等背后隐藏的问题，查实责任主体，精准督促整改和追责问责工作，切实提升审计成果转化成效。

（湖南省审计厅、长沙市审计局供稿，执笔人：卓志程、陈亦潇）

"三类"船舶隐患全面清零

——湘潭市护航水上交通安全

【导语】

为加强河道管理、规范船舶停泊秩序、改善通航环境与条件、清除水上重大安全隐患源、确保水上交通安全,在湖南省水运管理局的正确指导下,湘潭市人民政府在全市水域范围内集中开展了以挖砂船、运砂船、趸船整治为重点的水上交通安全整治工作。

湘潭市一江两水城区段共有三类隐患船舶107艘,均存在停产停业、无人值守、违规停靠、设备锈蚀、外观破旧、安全保障措施不到位等问题,对水上安全、防洪、通航、城市美化带来不良影响,逐渐累积形成了湘潭水上交通安全的"老、大、难"问题,成为影响湘潭水上交通安全的"症结"所在。

截至目前,通过船舶综合整治,全市"三类"船舶签约率100%,处置率达100%,全市"三类"船舶隐患全面清零,水上安全"症结"得到彻底清除。整治工作取得的良好成效,得到了各级领导和社会各界的充分肯定与高度评价。

【主要做法】

(一)做检查,查清病情病因

1.认真细致,摸底调查

湘潭市交通运输部门制定了《三类船舶调查工作方案》,在市交通运输局牵头下,水利部门配合,工作人员历经一个月通过找人、勘船、查资料等工作,走访船舶业主(含使用人、经营人)1000余人次,查清了湘潭城区段三类共107艘存在隐患船舶的资质证照和业主、经营人、使用人的情况。同时,对船舶原始资料、设施设备、附属设施进行了详细登记,认真听取了船主、经营负责人的意见和诉求,并为每艘船舶建立了详细的纸质和电子档案。

2. 客观公正，资产评估

工作人员对每艘船都进行了详细的现场勘验审核，与业主共同对船舶资产的类别、数量、规格进行了确认并登记造册。此外，与评估公司及有关专家共同研究制定船舶资产测算办法，确定按照重置成本价和综合成新率来测算每艘船舶的现值。委托专业机构对每一艘船舶进行资产评估，核算出本次船舶整治所需补助资金额度，为制定经济补助办法提供了翔实依据。

（二）开"药方"，确定治疗方案

1. 出台了指导性文件

根据有关法律法规和湘江治理保护的相关政策，湘潭市制定出台了《湘潭市人民政府关于开展水上交通安全综合整治工作的通告》《湘潭市人民政府办公室关于进一步加强水上交通安全监管工作的实施意见》《湘潭市挖砂船运砂船趸船综合整治工作方案》等一系列政策性文件，明确了整治范围、处置原则、实施步骤、工作要求

湘潭市交通运输执法人员检查船舶证件

等内容，为全市船舶整治工作提供了政策依据和操作准则，确保全市船舶整治工作一盘棋、一个标准。

2. 确定了分类处置方案

针对三类船舶存在的实际情况，综合考虑历史与现实、功能与需求、规划与发展等多方面因素，湘潭市制定了"三类"船舶分类整治方案，遵循"自行处置一批、打击取缔一批、规范管理一批"的分类处置基本原则。

3. 制定了经济补助办法

按照湘潭市委、市政府既要依法整治好"三类"船舶秩序，又要兼顾船主和从业人员实际困难和经济利益的指导思想，市整治办克服了船舶整治经济补助缺乏相关行业标准作依据、无现行成熟模式可借鉴的难题。在评估测算的基础上，经反复调研论证，制定了《三类船舶综合整治经济补助指导意见》，明确了经济补助的原则、对象和标准。

4. 给予了倾情的民生关怀

坚持"民生至上、和谐整治"理念，高度重视民生诉求，对弱势群体予以特别关注，

综合运用政策兜底等方式，积极回应并解决民生诉求，帮助40余名业主解决了住房、就业、医疗救助等方面的困难，切实保障了困难船主的基本生活需求。

（三）强调度，整合"治疗"手段

1. 组织领导有力

在船舶整治工作中，全市上下达成共识，湘潭市委、市政府对"三类"船舶整治工作尤为重视，成立了高规格的整治工作领导小组。市长、常务副市长、分管副市长等领导参与研究、部署、调度"三类"船舶整治工作，明确各部门和人员的具体职责与分工。

2. 部门通力合作

湘潭市交通运输局坚持"三天一调度、一周一讲评"的工作机制，设立6个驻区工作组，6个县（区）的政府主要负责人亲自挂帅，组建了高效有力的整治工作班子。财政、公安、法制、交通等多部门通力合作，各街道、社区等密切配合，形成了强大的工作合力。此外，由湘潭市政府督查室牵头，湘潭市交通运输局、水利局等部门协同，对全市"三类"船舶综合整治工作进行了督查。

3. 广泛宣传指导

《湘潭日报》《湘潭晚报》等主流媒体对"三类"船舶的综合整治工作进行广泛宣传报道，

湘潭市交通运输局开展执法检查

营造出良好的舆论氛围。同时，安排执法艇每日在湘江上巡回广播湘潭市人民政府通告和"三类"船舶整治的法律法规。通过舆论宣传，船主和从业人员对整治形势有了清醒认识，增强了配合船舶综合整治的自觉性和主动性。作为整治工作的主要实施单位，市交通运输局抽调50多名干部集中力量开展"三类"船舶整治工作。工作人员深入各县市区（园区）的整治工作现场，讲清政策法规和形势，动员船主积极配合政府整治工作。对拒签协议的船主进行耐心劝导和法律法规宣传，赢得了船主和从业人员的理解和支持。针对整治过程中的难点问题，进行具体的协调指挥；对"三类"船舶自主拆解的安全问题，给予具体的指导，确保船舶拆解工作安全有序进行。

（四）做"手术"，处置"症结"

依据湘潭市人民政府通告精神，自9月18日开始，督促需拆解、迁移的"三类"船舶业主与各区整治办签订处置协议，限期将船舶交由政府处置、自行拆解或迁移出湘江长株潭库区；对保留船舶，要求严格按照湘潭市交通局提出的整改意见，进行外观美化、防污改造、设施完善配套，并在指定水域停放，以规范船舶管理。处置过程中，遵循政府主导、部门协同、县区负责、规范管理的原则。同时，按照依法整治、限期整改、分类处置、区别对待、鼓励拆解、规范停泊等处置原则，依法依规对全市水域范围内航行、停泊、作业的挖砂船、运砂船、趸船，以及相关砂石场和涉水建（构）筑物进行"三个一批"的综合整治。

1. 自行处置了一批

对在规定时间内完成限期整改、自行变卖驶离、迁移至指定水域、提质改造达标和自行拆解销毁的"三类"船舶业主，予以适当的经费补助或奖励。

2. 打击取缔了一批

对违法违规航行、停泊、作业的各类行为进行坚决打击；对不符合相关法律法规要求，且拒不整改又不愿签订协议的各类违法船舶，依法取缔，令其退出市场，并实行强制扣缴和拆解。坚决取缔非法砂石场。

3. 规范管理了一批

对依法依规正常运营、停泊的船舶进行规范管理。同时，规范河道整治和砂石场建设，完善涉水建（构）筑物助航标志、警示标志及防撞设施。加快铁牛埠锚地和应急救援基地建设。

【经验启示】

（一）要全力以赴抓推进

船舶整治工作需在各级各部门达成统一共识，才能密切配合，凝聚起强大的工作合力。

参与此项工作的干部应积极发挥作用，发扬勇于担当、团结干事、乐于奉献的精神。

（二）要综合整治来助力

一方面要依法整治，另一方面要照顾船主和从业人员的实际困难，关注弱势群体，做到既讲法理又讲情理。在严格依法整治的基础上，综合运用政策兜底等措施，积极回应并解决民生诉求。

（三）要宣传动员做到位

耐心细致地做好思想工作，讲清政策法规和形势，坚持把思想工作做主动、做扎实，实现思想动员全覆盖。要营造强大声势，对整治的意义及目标任务进行全方位、多角度的宣传报道，营造出良好的舆论氛围。

（湘潭市交通运输局、湘潭市水利局、湘潭市河长办服务中心供稿，执笔人：黄金宝、张耀坤）

"臭水沟"变"小清河"

——湘潭市"亮剑"黑臭水体治理

【导语】

湘潭市中心城区面积238平方千米,水系丰富,河网密布且结构复杂,共有黑臭水体24条。其中,水系20条,总长115.3千米(暗渠28千米);湖塘4个,总面积19.1公顷。

2021年,第二轮中央生态环境保护督察反馈指出相关问题,且同步纳入湖南省"洞庭清波"专项监督。此后,湘潭市委、市政府下定决心从根本上解决城区黑臭水体治理问题,坚持以问题、目标、结果为导向,遵循科学治理、系统治理、综合治理的理念,高位推动、创新模式、共治共管、攻坚克难、久久为功推进治理工作。2024年随着最后一条,也是最难的爱劳渠黑臭水体治理达标,城区黑臭水体消除率达到100%。至此,湘潭市水环境整体质量得到明显改善,人民群众的获得感和幸福感切实得到提升。

【主要做法】

(一)以问题导向,坚持科学治理

1. 全面摸底排查

湘潭市采用招投标的方式,选定有实力、有经验的第三方机构,对城区管网情况开展排查诊断。全面摸清管网情况,查明湘潭市城区有污水管网554千米、雨水管网592.6千米、合流管网88.4千米,管网空白区1.8平方千米,混错接1134处等情况,同时建立了管网GIS系统。

2. 强化顶层设计

湘潭市统筹"水体治理、提质增效、排水防涝、海绵城市"等工作要求,委托国内顶尖设计院——中国市政工程华北设计研究总院有限公司,编制了污水、雨水、内涝治理、海绵城市等专项规划。在此基础上系统化地编制了《污水处理提质增效一厂一策方案》、

流域化地编制了《黑臭水体治理一渠一策方案》，以高水平规划顶层设计，科学精准地指导黑臭水体治理、污水处理、排水防涝和海绵城市建设工作。

3. 分类有序实施

按照轻重缓急、先易后难、财力匹配的原则，先实施相对容易的水体，再实施相对复杂的水体，最后实施艰难的水体。

岳塘区爱劳渠百亩湖

截至2020年，已完成22条水体的基础治理工作；2022年，完成唐兴桥流域的基础治理工作；2023年，完成爱劳渠流域的基础治理工作。每项基础治理工作完成后，迅即开展源头分流改造等深化治理工作，逐步推进全域水体水质从初见成效迈向长治久清，预计到2025年底全面完成治理任务。

（二）以目标导向，坚持系统治理

1. 变分渠治理为流域治理

湘潭市城区渠道众多，相互交织，情况复杂，若仅采用分渠治理的方法，很难从根本上解决渠道水体黑臭问题，也无法解决污水提质增效问题。只有遵循流域化的治理思路，才能将黑臭水体治理达标，达到水质改善且具备排江能力的目标。湘潭将城区24条水体科学划分为七个流域，从流域的角度查明病灶、对症下药、有的放矢。

2. 变末端截污为源头分流

城市小区、企事业单位面积约占中心城区的30%，大部分采用雨污合流制，是导致渠道溢流的主要原因。实践证明，末端治理只能短期内解决晴天污水收集不入渠的问题，无法长远解决雨天混流雨污水造成渠道污染的问题。为从根本上治理好渠道返黑返臭问题，必须进行源头改造；克服资金需求量大、实施难度高等困难，坚定不移地实施源头改造。目前，已完成小区雨污分流改造620个，企事业单位雨污分流改造100个，散户截污200多户。

3. 变水质达标为水体改善

湘潭市城区大部分渠道入江排口位于饮用水水源保护地，而水源地对排口入江水质要求更高。因此，渠道的黑臭水体在治理达标后，还要进行水质改善提升。根据专家论证意见，近两年来，湘潭市城区唐兴桥、胜利渠、阳塘渠、胡家坝渠等流域结合公园建设，在渠道末端共设置了约 250 亩的湿地公园，对治理后的水体进行净化处理。该湿地公园每天处理水量达到 3.3 万吨，出水水质达到准Ⅳ类标准。湿地公园的建设不仅改善了水质，还美化了环境，切实增加了当地老百姓的获得感和幸福感。

（三）以结果导向，坚持综合治理

1. 高位推动

湘潭市委、市政府高度重视、高位推动，专题研究并部署市城区黑臭水体治理工作，出台了《中央和省生态环境保护督察反馈黑臭水体治理问题整改方案（2021—2025 年）》，明确了治理的责任主体、资金来源、治理任务、时间表、路线图。湘潭市领导亲自部署、亲自调度、亲自指导。市长每月调度一次，分管副市长半月调度一次。住建部、生态环境部、省政府、省人大、省政协及各民主党派的领导多次亲临现场督促指导，有力推动爱劳渠黑臭水体治理整改工作高质高效完成。

2. 创新模式

湘潭市制定了《湘潭市城区污水处理"厂网一体化"工作方案》，通过创新推进"厂网一体化"项目，推动黑臭水体问题的整改。明确由行业部门牵头，属地承担主体责任，平台公司作为业主单位负责开展治理项目的实施工作。近两年来，湘潭抢抓中央政策机遇，充分发挥平台公司的业主优势和部门的行业优势，努力争取"厂网一体化"项目地方专项债券、环保资金、防洪排涝等资金，累计约 17 亿元。在湘潭财政极度困难的情况下，有效解决了治理资金问题。在项目实施进程中，统一规划、统一设计、统一施工，共实施项目 120 个，建设污水管网 140 千米，雨水管网 50 千米，消除排口 987 个，完成清淤 30 万立方米，建成调蓄池 7000 立方米和湿地公园 5 座。

3. 共治共管

人们常说"三分建七分管"，黑臭水体治理也是如此。湘潭市加强渠道水体维护管养工作，出台了《湘潭市城区黑臭水体治理稳定达标管理办法》，充分发挥河长制作用，压实属地及相关部门责任，建立常态化维护管养机制，保障

爱劳渠打造后

经费投入与人员配备。同时加强维护管养的检查、评比与考核，聘请第三方专业机构进行专业维护，确保渠道无漂浮物、无障碍物、无围栏养禽现象、无暴露垃圾。在面源污染管控执法方面，建立联合执法机制，协调督促环保、城管、农业等部门与属地部门形成合力、主动作为。针对渠道工业企业排污、餐厨油烟直排、畜禽养殖等面源污染问题，已开展联合管控执法 10 余次，使面源污染问题明显改善。加强社会民主监督，充分借助政协、各民主党派及环保志愿者开展的专项监督和日常监督，及时收集各项监督过程中发现的问题，及时交办并跟踪督办，确保渠道水质时刻保持稳定达标且向好的状态。

【经验启示】

（一）凸显河长制的制度优势

河长制是解决我国复杂水问题的有效举措，是完善水治理体系的制度创新，更是建设幸福河湖的重要抓手。我们应不断强化河长制在水治理格局中的核心地位，压实责任链条，持续优化河长工作体制、管水护水长效机制、协调衔接机制、公众参与机制。进一步深化各部门、社会各界对河长制工作的认识，全方位健全工作体系。

（二）强化河长制应用

秉持依法治水管水原则，建立健全河湖管理保护监督考核和责任追究制度，拓展群众参与渠道，营造全社会共同关心和保护河湖的良好氛围。在河湖治理过程中，大力推进水环境改善工作，加大了水污染治理力度，保障了水资源的可持续利用。如今，河湖水质得到明显改善，蓝天、碧水、绿岸的美景让人流连忘返。群众在湖畔散步，能真切感受到大自然的美丽与宁静，这种愉悦的体验不仅让人心情愉快，更切实增强了民众生活的幸福感。

（三）丰富河长制工作内涵

统筹考虑河湖上下游、左右岸的关系，实行"一河一策""一湖一策"，切实解决好河湖管理保护中的突出问题。牢固树立尊重自然、顺应自然、保护自然的生态文明理念，妥善处理好河湖管理保护与合理开发利用的关系，强化规划约束，促进河湖休养生息，维护河湖生态功能。

（湘潭市水利局、湘潭市河长办服务中心供稿，执笔人：张耀坤）

昔日"臭水塘" 今朝"美丽湖"

——冷水江市涟泥水库"变形记"

【导语】

涟泥水库建于1978年，位于冷水江市铎山镇石柱村、眉山村辖区，属湘江水系涟水支流。水库集雨面积4.5平方千米，总库容396.1万立方米，正常蓄水位260.5米，是一座以灌溉为主，兼有防汛、抗旱功能的综合型非饮用水水源水库。

此前，因水库周边十余年养殖污水污染，加之水库自净能力较差，水体富营养化严重。2021年初，涟泥水库蓝藻暴发，水质恶化至劣V类，水色呈翠绿及墨绿色，水体无透明度，群众对此反映强烈。

2021年4月19日，中央第六生态环境保护督察组转办第13批环境问题后，冷水江市委、市政府高度重视，将涟泥水库环保问题整改作为一项首要政治任务推进，坚持综合施策、标本兼治。经过近3个月的专项治理，彻底切断水库污染源，水质从原来的Ⅳ类持续稳定改善至Ⅲ类标准，水体透明度达到120厘米，水环境实

涟泥水库蓝藻暴发

涟泥水库水质污染现场

现根本性转好。

冷水江市以扎实推进河长制工作为抓手，科学布局和组织实施涟泥水库生态保护修复重点工程，推动涟泥水库生态环境质量实现根本性、持续性好转，市域河库环境持续向好、整洁的城乡环境为一江碧水"保驾护航"。涟泥水库被评为娄底市2021年度"美丽河湖"。

涟泥水库底泥污染

【主要做法】

冷水江市针对涟泥水库水体蓝藻暴发的污染成因，遵循"方案科学、措施针对、工程经济、管理长效"原则，科学选择适用技术，强化源头治理，加强系统修复，注重常态长效，提升生态治理效果。

（一）坚持政治引领

冷水江市委、市政府以河长制为抓手，坚持把涟泥水库生态治理作为政治任务和底线任务来抓，层层传导压力，层层落实责任。

1. 坚持高位推进

成立由市委书记、市长任"双组长"的涟泥水库生态治理工作领导小组，主持召开现场办公会16次集中解决问题，破解了水质治理、粪污消纳、停产空栏等一系列难题，划定整改路线图、时间表，倒排工期、压茬推进，铎山镇切实履行好生态修复第一责任人责任。制定"一场一策"方案，全力以赴推进涟泥水库综合治理工作。

2. 加强上下联动

"对上"建立"当天报"工作机制，加强与湖南省纪委和省、市生态环境部门的衔接工作，争取业务指导，优化工作措施；"对下"实行"边督边改"工作机制，两办督查室、生态环境部门联合成立专项督察组，指导督促铎山镇落实属地管理责任。

3. 强化左右协同

统筹自然资源、生态环境、水利、农业农村等多个部门力量，在项目、资金、政策上予以支持。聘请专业公司对涟泥水库进行系统性治理，并邀请湖南农业大学资源环境学院系主任对涟泥水库水质及周边环境进行实地考察，指导水体治理工作。及时制定涟泥水库蓝藻治理方案，对综合治理技术、资金、时间形成完整科学规划，全力以赴推进涟泥水库综合治理工作。铎山镇石柱村、眉山村村支两委动员周边群众积极参与，组织精干力量为治理工作提供各项人力保障，以及临时应急物资运输保障。

涟泥水库加药治理

（二）宣传疏导到位

为实现水岸同治、标本共治，铎山镇组建专班，安排专人以一对一的方式向养殖户开展政策宣讲和思想教育工作，宣传环境保护、畜禽养殖法律法规，以及养殖场水污染问题的严重危害性，督促养殖户自觉配合、主动整改。同时，依托市、镇、村三级河长网格平台，深入实施水环境、水资源保护网格化管理。

一是发挥河长制网格精细化管理、全方位覆盖、贴近群众生活的独特优势，增强全体社会成员环保意识，提高环保监管的针对性与时效性，做到精准执法、高质高效。

二是压实各级河长责任，进一步强化镇、村两级主要领导的第一责任人责任，夯实环保部门的行业监管责任、企业的污染治理主体责任，做到有人主责、有人主抓、有人落实，形成"定人、定责、履责、问责"的网格化环境监管格局，牢牢守住环保红线。

涟泥水库周边养殖场粪污治理

在综合治理工作期间，未引发任何信访舆情。

（三）坚持源头治理

全面开展涟泥水库周边养殖场"一空两清"行动，有序推进截源控污工作。设定限养区，全面取缔无证规模化养殖场，全面停止库区周边破坏性生产活动，有效阻断污染源。

1. "空栏舍"

冷水江市畜牧水产和农机事务中心协同铎山镇人民政府组织力量，在避免给养殖场造成重大损失且不造成新污染的情况下，仅保留少量过年猪、刚产母猪及未满月幼仔，剩余存栏生猪均已完成转售、转栏或转址。

2. "清粪污"

铎山镇组织抽粪车、挖掘机对养殖场的沼气池、沉淀池、粪污池，以及周边淤积的粪污进行全面清理，及时联系转运至周边的农场、果园进行返土返田资源化利用，累计转运粪污152车，共计760吨，返果返园的粪污体积达340余立方米。

3. "清违建"

冷水江市水利局、市畜牧水产和农机事务中心对2016年划定涟泥水库周边为限养区之后仍存在扩建行为的养殖场，采取坚决的措施予以拆除，并完成复垦复绿。同时，生态环境部门在特定点位加装37个监控摄像头，对3家规模养殖场进行24小时监控，补齐监管短板，确保违规排污问题不再反弹。

（四）坚持系统治理

坚持生态治理，清污、自净两手抓，全面提升水体自净能力，不断改善水生态环境。

1. 系统净化水体

冷水江市水利部门根据治理方案与责任分工，通过调节水体水质，增强整个系统的自净能力，在水深2米内种植苦草、轮叶黑藻、穗花狐尾藻等水生植物。市生态环境部门指导乡镇在水库全方位、分批次有序投放过氧化氢、生石灰、聚氯化铝，共计90吨，投入大连正好环保公司蓝藻洒洒清23吨和微生物制剂15吨。市畜牧水产和农机事务中心以鱼类人工增殖放流的形式，投放雄鱼、土鲫鱼、白鲢等鱼苗3万斤，进一步推动涟泥水库水域生态环境和渔业种群资源的修复。投放净化氮、磷元素的水生生物10吨，切实改善水库水质。

2. 加强水质监测

冷水江市生态环境部门组织开展多轮水质监测工作，并适时调整治理措施。历经2个月攻坚，水库总磷含量、总氮含量分别下降84%和75%，各项指标均达到Ⅲ类水质标准，水质改善成效显著。

3. 常态清漂保洁

铎山镇成立水体治理工作小组，建立一支15人的清理队伍，租用清漂船5条，每日巡逻打捞，清除库区水面漂浮物和沿岸垃圾，保持水面、岸边清洁卫生。

涟泥水库加药治理

（五）坚持依法治理

1. 摸排底数到位

对涟泥水库周边禽畜养殖场开展拉网式全覆盖排查，逐户登记并检查核对营业执照、用地备案、环保备案、动物防疫合格证等相关资质，排查养殖场直排暗管、沟渠等排污设施，迅速建立健全涟泥水库周边污染源台账，夯实工作基础。

涟泥水库水面漂浮物治理现场

2. 依法打击到位

冷水江市公安局、生态环境局根据排查摸底情况，对涟泥水库周边三家养殖场下达整改通知，要求其完善排污设施。在完成整改验收前，镇畜牧站暂停提供检疫服务。冷水江生态环境分局对李某某非法排污的问题立案查处。相关部门重拳出击，严厉打击企业非法排污行为，依法行政拘留养殖场负责人2名，形成了强有力震慑。促使部分设施落后的养殖场退养，整改完善10余家养殖场排污设施。同时，取缔涟泥水库网箱养鱼行为。

（六）坚持常态长效

1. 巩固治理成效

秉持标准不降、力度不减、劲头不松的工作要求，持续推进水库维护保养、日常巡逻监管、定期水质监测等工作。针对新暴露的苗头、问题，及时分析研判，迅速介入处置，强力推进整改；对已整改问题开展"回头看"，切实做到问题不反弹、不反复。建立长效监管巡查机制，每半月对涟泥水库周边巡查一次，确保发现问题及时处置，扎实做好"后半篇文章"。对于有意愿进行环保改造的养殖场，采取"成熟一家、验收复产一家"的举措，坚决防止问题反弹。取缔涟泥水库网箱养鱼行为，在水库全范围实施一年的禁捕、禁钓措施，维护水库生态平衡，巩固来之不易的治理成效。

2. 扩大治理成果

认真汲取经验教训，举一反三，对各行业生态环境问题开展地毯式排查，深入开展全市生态环境综合整治行动。逐一排查消除全市有关生态环境的不稳定因素和可能影响社会稳定的苗头隐患，着力推动全市生态环境质量持续改善，掀起一场动真碰硬的"环保风暴"，切实守护好冷水江市的绿水青山。

3. 完善体制机制

严格落实水库水域空间管控，编制并实施"一库一档""一库一策"方案，完成水库工程管理与保护范围划定，做好与国土空间规划的融合。严格审查涉库建设项目和活动，加强事中事后监管，督促落实批复方案以及防洪补救、补偿措施，严禁未批先建、批建不符、越权审批等情况，杜绝类似问题再次发生。

4. 常态保洁

石柱村、眉山村建立保洁长效管理机制，切实做好水库保洁、河岸绿化养护、卫生保洁工作，努力实现"水清、岸绿、景美、宜居"的总目标，为生态冷江建设和新农村建设打造优美的水环境。

通过近一年的治理，涟泥水库水质实现了根本性转变，水库功能全面恢复，达成水生态环境完好的治理目标。2021年，涟泥水库入选娄底市"美丽河湖"。涟泥水库水环境的改善，提升了农业灌溉能力，保障了粮食安全，为铎山镇葡萄、杨梅等名优特色水果种植提供了优质水资源，带动产业发展，提升了城市形象与品位。结合当地花桥牛席、谢冰莹故居等特色文旅产业，开发出涟泥水库生态旅游产品，增加了旅游产业在当地经济中的占比，促进经济结构和产业布局更加合理。

（a）治理前底泥　　　　　（b）治理后底泥
涟泥水库治理后底泥对比

涟泥水库治理后

【经验启示】

（一）抓好河湖治理，要坚持科学治污

推进河湖治污工作，应以"外源减排、内源清淤、清水补给、水质净化、生态恢复"的系统治污思路为指引，运用专利底质改良剂、微生物菌剂等新科技产品，采取科学治污方式，全力维护河湖生态健康。

（二）抓好河湖治理，要坚持部门联治

河湖治理需深化"河长+部门"工作体系，出台《河湖保护管理联合执法机制工作方案》，由水利、生态环境等12个部门构建河湖保护部门联动执法机制，通过开展联合执法行动凝聚工作合力。

（三）抓好河湖治理，要坚持文旅融合

以幸福河湖建设为抓手，推动"绿水青山"向"金山银山"的转化，依托示范建设项目，促进产业的升级转型，传承梅山文化，弘扬醉美水文化，搭建"河长制＋旅游＋产业文化"模式，打造乡村文旅休闲区，带动区域文旅产业发展，彰显河湖人水和谐的美好景象，助力乡村振兴战略实施。

（冷水江市河长办供稿，执笔人：潘琼辉）

凝聚法治力量　建设"碧靓望城"

——长沙市望城区以法治思维管护河湖的探索实践

【导语】

望城区是长沙市唯一纳入洞庭湖生态经济区的区（县），也是长沙市唯一横跨湘江两岸的城区。其拥有35千米的湘江岸线，区内河网纵横交错、水资源丰富，有大江大河20条、中小型水库26座、湖泊4口，以及万余处山塘溪坝等小微水体，是名副其实的"水窝子"。

近年来，望城区委、区政府全力推进河湖长制工作，持续强化河湖长制体制机制与法治管理。坚持以"河湖长+"模式开展河湖巡查，各单位依法执法，并积极开展联合执法行动，始终运用法治思维管护河湖。在解决部分河湖问题时，严格遵循"有法可依，有法必依，执法必严，违法必究"的原则，充分发挥法律的刚性约束作用，预防和惩治涉水违法行为。同时，不断向公众做好普法宣传工作，在实践中积极探索，形成了具有特色的依法护水城新模式，为建设"碧靓望城"提供了坚实有力的保障。

【主要做法】

（一）深化协作，高位推动解决问题

1. 建立协作机制

2021年，望城区检察院与区河长办联合印发《关于建立"河（湖）长+检察长"协作机制的意见》，明确检察院检察长和副检察长分别担任区管河（湖）检察长，分片区负责涉水街镇。自2020年起，"河（湖）长+河警长"协作机制被写入了年度工作要点。区公安分局出台《长沙市公安局望城分局"河湖警长制"工作实施方案》，成立以副区长、公安分局局长为区河湖总警长（组长），分管副局长为副组长（团头湖望城段河警长），指挥中心、政工、网安、刑侦、治安、森林公安、水上派出所等部门为成员的领导小组，切实构建起多警联动、高效推进的工作格局。目前，全区设有区级检察长4名，区级河警长 16 名，实现全区涉水街镇、水域的全覆盖。

2. 坚持高位推动

建立"河湖长＋检察长＋河警长"联合巡查工作机制，整合河长办的统筹协调作用、检察机关的法律监督职能和公安机关打击违法行为的职能，聚焦问题的发现、交办、督办与解决环节，切实提高巡河湖工作效能。2023 年，区级层面共开展联合巡查 25 余次，区级河长现场交办问题 30 个，向检察院移交"涉水"问题线索 25 条，其中立案 25 件，提起公诉案件 14 件。

望城区总河长开展联合巡查河湖工作

（二）依法执法，凝聚力量共护碧水

1. 统筹规划，构建执法机制

自 2018 年起，在望城区河长办下发的"一江七河两湖库"年度综合治理任务清单中，便列出了"开展联合执法""构建多部门及流域沿线属地政府参与的涉水联合执法工作机制"等任务。2019 年，望城区河长办联合区公安分局出台了《长沙市望城区全面推行河长制湖长制联合执法制度》。2022 年，望城区主动与开福区、岳麓区、宁乡市、赫山区、湘阴县、汨罗市等 6 个周边县（区）签订了《跨界河流联防联控合作协议》，明确联合巡查、交叉巡查、专项整治、水质监测、问题处置、执法监察等重点协作任务，达成河湖管护共商、共享、共治、共管的目标。

2. 江豚归来，彰显执法成效

2022 年 5 月，在湘江望城蔡家洲水域观测到 1 头江豚活动踪迹。2023 年 1 月 31 日，该水域再次发现 3 头江豚，它们在清澈的江水中时而跳跃、时而翻滚，十分活泼。江豚是国家一级保护动物，素有"水中大熊猫"之称，对水质与生存环境的要求特别高，它们从南洞庭湖水域逐步向湘江上迁徙，验证了近年来湘江望城段水生态环境持续改善，生物多样性保护成效显著。

江豚凭江跃

在这背后，是望城"执法人"为倾力守护湘江"盆中水"而默默付出。望城区公安、城管执法、水利、生态环境、市场监管、农业农村、交通运输、公安等拥有执法权的单位，均根据自身职能职责，履职尽责，强化涉水执法力度，形成了多点开花与联合行动相结合的执法格局。2023年，区级共开展涉水联合执法22次，街镇级河长办联合执法中队开展涉水联

执法会商会议现场

合执法200余次；办结涉水生态损害赔偿案件4件，清理取缔涉渔船舶5艘，乱采乱挖现象基本杜绝，"四乱"问题实现了动态清零，15个国、省、市控水质断面年度达标率达100%。

（三）多方普法，提升公众法治素养

1. 坚持"谁执法谁普法"常态化普法

2023年，水利、公安、城管执法、农业农村、生态环境、市场监管等单位积极践行"谁执法谁普法"原则。一是常态化坚持普法工作与涉水执法实践相结合，把法治宣传教育融入涉水执法工作的各个环节，在执法过程中强化法治宣传教育，不断提升涉水法治宣传教育的实际成效。二是坚持执法人员普法与社会普法并重，在着力提升执法人员法律素养和执法水平的同时，积极履行面向社会的普法责任，不断增强社会公众的法治意识。

2. "守望"法治先锋服务队定制化普法

全力打造"雷锋故里 碧靓望城"望城河湖长制宣传品牌，以满足人民群众需求为导向，频繁开展法治宣讲进机关、进企业、进社区、进乡村、进学校活动，推动河湖治理宣传活动朝着定制化、常态化、精细化方向发展。2023年，《守护绿水青山，检察公益在行动》《公益诉讼检察与您共护美好生活》《中华人民共和国长江保护法》《中华人民共和国水污染防治法》《湖南省湘江保护条例》等涉水普法课程在社区、学校等地累计讲授30余次，受众达3500余人。

"守望"法治先锋服务队入校普法

3. 雷锋故里"河小青"助力普法

2023年，望城区河长办联合团区委，共建望城区"河小青"行动中心，以"1名社工+1名团员+3名青少年志愿者"的"河小青"队伍模式，从河湖守护、绿色传播、生态修复、环保行动等工作领域入手，开展了一系列护河志愿活动，充分发挥"小手拉

"河小青"入校普法

大手"的带动作用。截至目前，全区有近2.3万人注册成为"河小青"志愿者，团队126支，"河小青"队伍深入学校、乡村，累计开展各类宣讲活动30余次，受众4000余人。此外，望城区畅通"12314"、"96322"、区级河长制监督电话、红网问政等投诉举报渠道，构建起全民参与的生态环境保护监管体系，为群众提供参与环境保护的平台。

【经验启示】

（一）坚持高位推动，开创河湖管护新局面

充分发挥河湖长制在组织领导和统筹协调方面的作用，构建起河湖长统筹、部门联动、公众参与的管理格局。加强流域综合执法力度，强化跨部门、跨区域的信息互联互通，推进联防联治联控工作。推动河湖长与司法、执法工作有机结合，推进河湖管护法治化进程。

（二）坚持凝聚力量，探索依法护水新模式

秉持"政府+社会、人防+技防"理念，通过多方监督形成监督闭环，确保河湖管护工作取得成效。一是水利、住建、生态环境、城管执法、公安、检察等部门各司其职，开展联防联治，持续推进河湖管护专项行动，发挥集中力量办大事的制度优势。二是充分发挥科技手段的作用，对重点流域、重点部位实施24小时实时监控，一旦发现河道采砂、非法捕捞、炸鱼电鱼、水源污染等问题苗头，及时出动执法，及时遏制生态违法现象的蔓延，助力生态环境改善。

（三）坚持公众参与，实现河湖管理新常态

实施河湖的综合治理工作，仅靠政府单打独斗难以成功，必须充分发挥人民群众的力量，激发民间治水的信心和决心，调动广大群众的积极性，让公众从旁观者变为环境治理的参与者、监督者。

（望城区河长制工作事务中心供稿，执笔人：周先国、黄毅、毛懿德）

六位一体　系统治理

——汉寿县西洞庭湖国际重要湿地生态修复模式

【导语】

西洞庭湖位于洞庭湖西滨，是长江中下游流域为数不多的通江湖泊之一，吞吐长江松滋、太平二口洪流，承接沅、澧二水，还纳沧水、浪水等河入湖。西洞庭湖是集河口、湖汊、洲滩、芦荡、沼泽等多样湿地类型于一体的江湖复合湿地。湿地内洲滩密布，江湖交错，水域辽阔，独具"涨水成湖、退水为洲"的湿地水文景观特征。

2002年，西洞庭湖被列入《国际重要湿地名录》，成为我国当时82个国际重要湿地之一。2013年，经国务院批准，西洞庭湖自然保护区升格为国家级自然保护区。西洞庭湖湿地面积45万亩，占常德市湿地面积的15.81%，占汉寿县总面积的14.84%。

西洞庭湖国家级自然保护区作为洞庭湖湿地的重要组成部分，凭借特殊的地理位置、水文条件和湿地景观，成为我国湿地野生动植物的重要"基因库"，并且在调蓄洪水、通航运输、绿色发展等方面发挥着极为重要的作用。

自2019年起，依托山水林田湖草生态保护修复工程试点，充分整合各类湿地生态保护修复项目资金，以保护湿地内原真生境和越冬水鸟为核心，逐步形成集"科学规划、生态修复、成果巩固、绿色发展"于一体的系统修复发展模式。通过采取水鸟栖息地修复、洲滩整治、岸线修复、水环境整治、湿地植被恢复、生态保水等措施，打造2万亩水鸟栖息地，整治洲滩92处，修复2.02千米岸线，完成2624亩水环境整治工作，恢复2.25万亩湿地植被，修建约8千米生态保水设施。这些举措使西洞庭湖湿地生态系统的原真性和完整性得以恢复，提升了湿地整体生态品质和服务功能。

近年来，汉寿县积极推动西洞庭湖保护机制改革，不断探索完善湿地保护管理机制，逐步建立健全"政府统管、部门配合、乡镇协助、社区共建、协会引导、社会参与"的"六位一体"社会化管理模式,并取得阶段性成效。其间,相关经验被中央改革办《改革情况交流》作为典型经验推介,西洞庭湖还荣获"全国山水工程首批优秀典型案例"。

【主要做法】

(一)坚持规划引领,系统保护修复湿地生态环境

为充分发挥规划的引领作用,从宏观层面把控西洞庭湖湿地的保护与利用工作,结合常德市湿地保护实际情况,相关部门组织编制了《常德市湿地保护专项规划》。同时,科学编制了《湖南西洞庭湖国家级自然保护区总体规划(2015—2024)》,以及山水林田湖草生态保护修复工程实施方案、湿地保护与恢复项目实施方案等,系统推进湿地保护修复工作,使湿地生态环境得到有效恢复。在工作中,突出生态优先、系统修复的理念,遵循"尊重自然、保护优先、科学修复、适度开发、合理利用"的具体原则,以西洞庭湖湿地原真生境和越冬水鸟为核心,最大限度地减少人为活动对鸟类的干扰和湿地生境的破坏,充分利用西洞庭湖湿地和生物多样性资源,适度开展湿地生态旅游和资源合理利用活动,促进湿地保护与经济社会协调发展,实现人与自然和谐共生。

西洞庭湖水鸟(黑鹳)　　　　西洞庭湖水鸟(小天鹅)

(二)加强湿地修复,实施各类生态保护修复工程

项目主要采取水鸟栖息地修复、洲滩整治、岸线修复、水环境整治、湿地植被恢复、生态保水等措施,致力于恢复西洞庭湖湿地生态系统结构的完整性和连续性,进而提升湿地整体生态品质和服务功能。

1. 实施生态补水保水

通过建设生态保水设施,对淤洲、东洼等候鸟重点栖息区域开展冬季生态补水工作,营造出具有层次感的水面及滩地。即修建生态保水设施约8千米,新增冬季生态补水面积

1.5万亩。

2. 实施洲滩整治

采取"竹节沟、封口、三平二"模式进行封沟育洲和土地平整作业，对92处洲滩开展沟渠整治，作业土方量达到60.7万立方米，有效提高了修复区域的整体蓄水保湿能力，推动受损洲滩地形地貌快速恢复。

3. 实施候鸟栖息地修复

在护桶障、半边湖、东洼等地，通过地形整理、水系优化并结合水位控制等手段，打造出候鸟栖息地2万亩，为候鸟提供良好栖息场所。同时，因地制宜选取川三蕊柳、旱柳、枫杨、桑树、苔草、藕草、香蒲、金鱼藻等本土植物物种，开展湿地植被重建工作，构建起包含乔木层、灌木层、草本层、水生植物等的多层次结构植被特征，使植被从原来的单一化向多元化转变。

4. 实施岸线修复

完成岸线整治复绿2千米，清理河湖垃圾6.5万吨，种植防护林带。

5. 实施水环境整治

全面推进农村人居环境整治，清除养殖痕迹，完成2625亩养殖水域的"退养还湿"和综合整治任务。目前，湖区水质达到Ⅲ类标准，水环境质量得到持续改善。

淤洲洲滩整治前（2018年11月）	淤洲洲滩整治后（2019年11月）

（三）推进综合执法，切实巩固湿地保护修复成果

西洞庭湖始终将湿地资源保护作为首要工作任务，全力推行湿地综合执法。为此，建立了完善的湿地巡护与综合行政执法机制，成立专门的综合行政执法大队，并组建了一支40人的湿地管护队伍。同时，积极推动出台《常德市西洞庭湖国际重要湿地保护条例》，为湿地综合执法提供了有力法律支撑。自2021年以来，全面贯彻落实《中华人民共和国长江保护法》《中华人民共和国湿地保护法》等法律法规，构建起全覆盖的监控体系，实

现湿地保护率达100%。自2019年以来，累计处理行政案件125起，移送刑事案件70余起，为巩固西洞庭湖湿地生态保护成果奠定了坚实基础。

（四）推动绿色发展，努力实现湿地保护利用双赢

西洞庭湖湿地积极推动周边乡镇发展生态旅游、绿色农业等绿色产业。

1. 推进生态旅游产业发展

先后建成宣教中心、鱼鸟博物馆、观鸟屋、观鸟游憩步道等设施，打造出以青山湖候鸟公园为主的生态旅游观光带。同时，举办洞庭湖国际观鸟节、鸟类摄影大赛、湿地风景直播等活动，并与汉寿县文旅局联合认定了7个"生态旅游示范点"。

2. 推动绿色农业转型发展

凭借湖州湿地的资源优势，扶持西洞庭湖生态旅游示范户从事芦菇生产，修建了10个芦菇种植大棚，打造了1个芦菇生产基地，并邀请直播培训专家为湿地周边生态农户开展电商直播培训，借助新模式、新业态，推动西洞庭湖周边社区绿色农业发展。通过这些举措，将湖州资源优势不断转化为经济优势，拓宽群众增收渠道，实现湿地保护与经济效益的协调发展。

西洞庭湖秀美风光（湿地洲滩）　　西洞庭湖秀美风光（沼泽湿地）

【经验启示】

（一）探索河湖治理机制，要变"单元治理"为"多元治理"

河湖治理涉及各方面、各部门，要充分发挥多种形式的协同作用。需对各类河湖问题进行科学分析，结合本地实际情况制定治理方案。通过整合集中整治、污染源控制、生态修复、公众参与等多种形式，并借助政策项目的推动力量，多管齐下，构建更加灵活且适应性强的治理机制，既能确保治理措施能够适应环境变化与未来挑战，又能确保河湖治理工作不仅在当前取得成效，而且能够为可持续发展奠定坚实基础。

（二）完善管护机制，要变"单打独斗"为"整体推进"

需在各个相关部门之间构建更加紧密的合作关系，形成统一、协调的管理网络。通过对各方资源和力量进行整合，可更高效地应对河湖保护中的复杂情况，确保河湖的生态环境得到全面而系统的改善。这种整体推进的方法，不仅能够提高管理效率，更有助于达成河湖保护的长远目标。

（三）健全河湖治理长效机制，要变"被动治水"为"主动治水"

采取更加积极主动的措施，建立完善的监测预警系统，提前预防和解决潜在的水问题，从源头上防范水污染和水生态破坏，而不是仅在问题出现后才采取补救措施。同时，要强化法律法规，确保河湖治理有法可依、有法必依、执法必严、违法必究。通过这种转变，能更有效地保护水资源，从而实现河湖治理长期稳定、健康发展。

（汉寿县河长办供稿，执笔人：黎瑶、袁政）

湖南省河湖长制 工作创新案例汇编

基层河湖管护

保洁"组合拳"打造河湖美画卷

——永兴县推进河湖保洁实践与探索

【导语】

河湖水域保洁是提升水体质量、改善景观的重要举措，是全面推行河长制的重要内容，也是检验河湖管护成效的重要标准。自2012年起，永兴县率先开展河湖保洁工作，在缺乏经验借鉴的情况下，县财政安排资金，通过公开招投标，选定专业的保洁公司，对便江、龙山湖等试点河湖进行保洁。河道内的水葫芦、漂浮物、河岸的垃圾得到及时有效清理，水生态环境得到极大改善。

全面推行河长制以来，永兴县进一步加大资金投入、明确部门责任、完善工作措施，巩固和扩大河湖保洁成果。全县3座饮用水水源水库、51座小水电站、18条县级河长河流被纳入县财政保洁经费预算，年度预算经费250万元，其他河道、水库、电站等按照属地原则负责。通过全方位的河道水域保洁工作，确保了河道水域的洁、净、美，群众的获得感、幸福感得到显著提升。

【主要做法】

（一）健全机制全面治

为推动河道水库保洁工作实现长期化、制度化、全面化，永兴县水利局成立了河道水库保洁办公室，配备了相应的办公设备与设施，明确4名专人负责河道水库的保洁工作，并投入资金20余万元购置了1艘全自动保洁船。同时，制定了河道水库保洁监督管理制度，定期或不定期进行保洁巡查，一旦发现问题，立即责成保洁公司或责任单位予以整改。针对水面漂浮物、河岸垃圾的数量、面积，制定了严格标准，凡超过标准的一律不予验收并对相关责任人进行处罚。在河道显眼位置设立了河长公示牌，公布了河长、警长、保洁员等人员名单、监督电话等内容，社会公众可直接对河道保洁进行监督、投诉。河道水库保洁办公室接到民众投诉，会第一时间到现场调查核实，随后责令相关单位整改落实。各级河长不定期召开会议，研究解决涉及上下游、左右岸、跨行政区域的保洁问题，有效避免了河道保洁问题上相互推诿的情况发生。

（二）水域垃圾岸上治

水域垃圾表象在水里，根源却在岸上。为从源头进行治理，永兴县全面推行农村人居环境整治工作。

1. 抓实组织领导

成立全县农村人居环境整治工作领导小组，由县委书记担任顾问，县长担任组长，县委、县政府相关分管领导任副组长，构建了"两级政府、三级管理、四级网络"的立体式组织领导体系。

2. 明确目标任务

制定出台《永兴县农村人居环境整治三年行动实施方案》《永兴县农村户厕建设实施方案》《永兴县分类推进农村人居环境整治工作方案》等相关文件，用以统领全县农村人居环境整治文件，明确了路线图、时间表、任务书。

河岸综合整治

3. 健全治理体系

推行农村生活垃圾"户分类、村收集、乡转运、县处理"四级联动收运处置模式，建成县级环卫智能监控指挥中心1个、乡镇垃圾中转站20座、村组垃圾收集亭4131座，投放垃圾分类桶3.3万个，发放户用垃圾分类箱15万个，配置收运车辆129辆，聘请乡村保洁员2066人，形成"户有分类箱、组有收集点、村有收集亭、乡镇有中转站、县有处理场"的环卫基础设施网络。

4. 压实工作责任

通过严格的监管考核，推动农村人居环境整治工作实现长期化、制度化。一方面，采取定人、定岗、定责、定区域等措施，将垃圾清运、污水处理、公厕保洁、绿化养护等村庄环境日常管护责任落实到人。另一方面，为环卫车、渣土车配备GPS和车载视频等感知设备，实施全天候监管，确保运营作业的每个环节都能看得见、管得住。各乡镇、村成立环卫巡查队伍，常态化巡查监管本辖区内的环境卫生情况。此外，常态化开展督查考核，定期通报情况，严格兑现奖惩。同时，把农村人居环境整治工作纳入全县年度绩效综合考核体系，作为干部政绩考核的重要内容，将考评结果与单位和干部的年度考核、评优评先、提拔任用挂钩，对工作不力、效果不佳的单位和个人严肃问责。

5. 建立定期通报和曝光机制

对每月、每季度在督查考核中排名靠后的乡镇和部门，在县电视台和县政府门户网站进行通报和曝光，并将通报情况纳入年度农村人居环境整治考核范围。农村人居环境整治工作施行后，全县所有行政村的生活垃圾得到减量化、资源化、无害化分类处理，有效保证岸上垃圾不入河，实现水陆同治。

智能城乡环卫系统

（三）统筹兼顾联合治

1. 拆除养殖网箱

便江河道因水质优良、水深水温适宜，吸引众多公司和个人从事河道网箱养殖，对水资源、水安全、水环境造成损害，同时也增加了河道保洁难度。为确保水质优良、河道整洁，永兴县决定逐步取缔网箱养殖。2022年11月，随着便江河道最后550口、30000平方米养殖网箱被清理上岸，永兴县天然河道实现无网箱养殖。

2. 加强污水处理

永兴县城污水处理厂由一级B标提标改造为一级A标，污水处理量由2.5万吨每天提升到4万吨每天，9处乡镇污水处理厂建成并投入运营，柏林工业园、太和工业园、高新产业园、两新产业园均建成污水处理厂，确保生活、生产污水达标排放，保障了河湖水质。

3. 清理河道种菜

部分群众习惯在河道滩涂种菜，这既破坏了环境又影响了水质，永兴县水利局坚持不定期清理河岸乱种菜、乱搭棚现象，并撒播草籽、花种，防止种菜现象反弹。

4. 跨域垃圾联合治

永兴县与周边耒阳、资兴、苏仙等市区签署了跨县域河长制合作协议，就河道保洁问题不定期进行会议研究，确保河道垃圾在各自辖区内得到清理，不随意向下游排放。历年来，未接到下游市区对永兴县河道保洁的投诉。

5. 零散垃圾集中治

针对河面漂浮物零散、难以集中打捞的问题，在河面设置拦截索将漂浮物围拢起来，拖至岸边后由挖机打捞，降低了保洁难度，提高了保洁效率。

6. 强化河道保洁实时监视

永兴县在便江、西河等重要河道安装 5 个专门用于河道保洁的摄像头，实时监控河道垃圾、漂浮物打捞保洁情况，一旦达到设定限值，立即责成相关单位进行清理保洁。近 200 个小水电站生态流量监控摄像头、水库安全监测摄像头、水利工作动态监管摄像头等，也兼作保洁监管用途，发现情况及时调度。

河湖日常保洁

（四）营造氛围合力治

在"世界水日""中国水周"等重要时期开展集中宣传，并结合日常宣传，引导社会各界自觉、自主、自发地爱护水域环境，保持河道整洁。组建了"永兴河小青志愿服务队"，以"当好绿色传播者、做好河流守护者、做好生态修复者、当好环保行动者"为行动指南，坚持每月开展河岸垃圾清理工作。扎实推进河长制进校园、进社区、进单位等活动，营造浓厚氛围，凝聚各方合力，全面提升群众爱护河湖生态环境的意识。

天蓝云白岸绿水清

【经验启示】

（一）深化认识是河湖保洁的首要前提

近年来，永兴县高度重视河湖保洁工作，高起点谋划、高标准要求，把河湖保洁作为河长制考核，以及全县环境卫生综合整治的重要内容，促使各级各部门、各级河长重视河湖治理保护，坚定责任担当，为流域河道常态化、长期化保洁注入强劲动能，有力解决了河道保洁工作不受重视、落实不到位和河湖水面"脏乱差"等问题。

（二）协调监督是河湖保洁的关键要素

针对跨行政区域河湖保洁中出现的责任界定不清晰、处理时产生分歧和相互推诿责任等情况，永兴县河长办对接周边县（市、区），签订跨县域河长制合作协议，并通过定期开展联合巡查和联席会商会议，推动跨界、共管河段的清理管护工作。同时，县、乡级河长和河长办对责任流域跨界河道乡镇和村组进行协调监督，通过划定明晰上下游责任界限、强化联防联控机制、创新相互暗查监督手段，推动跨界河道清理监督问题的有效解决，实现一般问题不出乡镇、突出问题不出县级的目标。

（三）夯实保障是河湖保洁的重要支撑

将县域内重要河湖保洁经费纳入年度县财政预算，其他河湖的保洁经费由所在地负责解决。通过组建专门的河道保洁队伍、聘请专职河道保洁员、安排乡村环境卫生保洁员兼任河道保洁、河湖保洁志愿者等方式，增强了河湖保洁清理力量。

（四）全民参与是河湖保洁的治本之策

加强河道保洁只是确保河湖水域干净整洁的补救手段，属于治标之策。重点在于通过宣传教育、示范带动、志愿服务等各种形式，切实增强群众珍惜水资源、保护水环境、爱护水生态的意识，进而将这种意识转化为保护河湖安全、健康的自发行动，使群众自主、自觉做到垃圾不入河、污水不排河、岸线不乱占、渣土不乱倒，实现河道水域无洁可保。

（永兴县水利局供稿，执笔人：李善政、邓名勇、廖永强）

湖南省河湖长制 工作创新案例汇编

智慧河湖建设

点多面广　站高望远

——铁塔视频监测为河湖长制装上"千里眼"

【导语】

铁塔视频监测是湖南省自然资源厅深入贯彻落实习近平生态文明思想和新发展理念，从服务生态文明建设、国家粮食安全、乡村振兴和地区高质量发展的高度出发，大力推进的一项重点工作，是湖南省"天空地网"一体化综合监测体系的重要组成部分，已成为河湖动态综合监测的重要手段，为全省河长制工作的落实提供了有力支撑。

铁塔视频监测具备"点多面广、站高望远"的优势及"实时、高清"的特点，是实现智能感知的重要手段。自2021年起，湖南省自然资源厅开始着手开展全省铁塔视频监测建设工作，不断丰富"天空地网"综合监测体系。目前，铁塔视频已为河湖岸线管控、污染防治、耕地保护、森林防火、应急保障等工作提供了高效的实时监测信息，有力地支持了政府和职能部门的科学管理与智慧决策。

【主要做法】

（一）省级统筹，支撑河湖动态监测

2021年12月，湖南省自然资源厅与省铁塔公司签署了《共同建设湖南省自然资源智慧监测系统合作协议》。2022年3月，湖南省自然资源厅印发了《湖南省自然资源铁塔视频监测实施方案》，明确了全省铁塔视频监测"六统一"（统一站点规划、统一监测内容、统一技术方法、统一系统平台、统一工作机制、统一整体推进）建设思路；并提出全省按照"1+1+20"模式开展试点建设任务，长株潭绿心区、衡阳市和20个"先行县"作为试点先行区域，其建设工作正式启动。2023年，湖南省人民政府办公厅正式印发《湖南省铁塔视频监测统筹建设实施方案》（以下简称《方案》），这是国内首次由省级层面统筹铁塔视频监测建设工作。《方案》指出，按照"统一建设、共享应用"的总体思路，秉持"统规统建、数据共享""统筹平台、共同使用""统筹资金、省级奖补""统筹采购、各负其责""统筹管理、服务全省"的基本原则,基本实现全省"山水林田湖草沙"等重要自然资源监测全覆盖。2024年底,全省已建成铁塔监测站点20401个,摄像头可视距离2～5千米,已覆盖全省约89%的耕地、80%的水域、76%的林地。其中,河湖管理范围1千米内已建成铁塔摄像头10802座,可用于洞庭湖监测的有311个;可用于湘、资、沅、澧"四水"干流监测的有915个;可用于其他河湖监测的有9576个。铁塔视频监测已成为河湖动态综合监测的重要技术手段,为河湖全过程、全流程、全环境管理提供了更加实时高清的监测数据。

(二)实时监测,"铁塔哨兵"24小时在线

湖南省水系繁多而复杂,河湖监管对象呈现点多面广、量大类杂、动态变化和分散隐蔽的特点。河湖动态综合监测工作主要借助优于1米分辨率的卫星遥感影像,提取河湖管理范围线内的变化图斑,通过"河湖监测—图斑快递"系统推送疑似问题,再经现场核实整改等方式,完成河湖管理中查、认、改这3个关键环节。利用铁塔视频监测的目标智能识别、自动定位、海量数据管理等技术,能够实现更加精确发现、精准判别、精准推送疑似问题图斑,提升监测成果的准确率,降低人工现场核实的工作强度。

1. 监测目标智能识别

湖南省自然资源厅自主研发了"铁塔哨兵"系统,构建了工程机械、推填土区、岸线建筑、挖沙船、采砂场、光伏电板、大棚、网箱养殖、拦河坝等不同类型河湖监测指标判读标志的解译样本库,并研发了AI识别模型。该模型利用海量样本数据进行训练,使"铁塔哨兵"系统能够智能提取河湖管理范围内的"四乱"问题。同时,针对河湖水域问题易发区域,进行360°全覆盖巡查拍照,并自动抓取、分析问题线索。

2. 监测目标自动定位

发现问题线索后,必须迅速、准确地确定位置。基于北斗卫星导航系统,对铁塔视频摄像头进行空间定位。利用摄像头的空间坐标、焦距、像幅尺寸、方位角等相关参数,结合摄影测量与计算机视觉相关理论,通过建立数学模型,将铁塔视频图像坐标与地理空间坐标一一对应,实现"视频画面上任一位置能对应到实地"和"实地上任一位置能对应到视频画面"。研发摄像头自动定位算法,根据摄像头与目标位置计算出摄像头方位角和变焦倍数,自动调用摄像头对准目标拍摄,为"四乱"问题或突发事件的核查和判定提供辅助作用。通过坐标转换技术,把河湖管理范围线、林区和自然保护地等矢量数据的二维地理坐标映射到视频监控中;同时,将视频监控中发现的疑似变化图斑坐标转换到矢量图层上,以满足二三维一体化的智慧监测需求。

3. 海量数据管理分析

湖南省目前拥有超过 2.5 万路摄像头，每时每刻都在产生实时数据，预计每年产生数据将达 800TB（按照数据保存 6 个月计算），数据量接近全年卫星遥感数据的 57 倍。要实现如此海量视频数据的实时汇聚、高效存储、自动处理、智能分析，并且与省内其他行业部门实现共享应用，需要在充分保障服务器算力、存储容量、带宽网络的前提下，运用大数据、并行计算、云计算等最前沿的信息技术，以此高质量地保障视频数据服务。

（三）智能巡河，丰富河湖管理手段

铁塔视频监测数据已接入"湘易办"等各级政府政务服务平台、各相关部门业务信息系统，实现省、市、县、乡业务贯通与各相关部门数据融合，形成了齐抓共管、服务全省的管理格局。2022 年 4 月以来，全省铁塔视频监测共提取各类监测管理信息 759 万条。2023 年，铁塔视频监测开始应用于河湖监测工作，截至目前已识别提取疑似"四乱"942 处，在河湖岸线日常监管等工作中发挥着重要作用。

1. 辅助卫星遥感影像识别

对于通过卫星遥感影像提取的、无法进行准确判别的疑似问题图斑，利用其附近可视的铁塔视频进行辅助识别，有效提升了下发图斑的精准率。

2. 自主识别抓取疑似问题

目前，铁塔视频监测按照不同角度，每小时自动开展 360° 全方位巡查。"铁塔哨兵"监测系统对巡查中发现的采砂船、工程机械作业、明显水体变化等问题进行智能抓取、保存，并提醒人工核实。同时，相关部门安排了 20 多名工作人员开展人工巡查，一旦发现疑似问题，便通过"河湖监测—图斑快递"系统进行推送，做到对问题"早发现、早制止、早处置"。

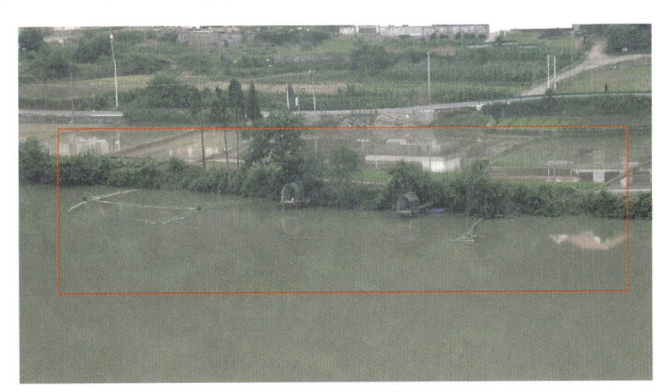

铁塔视频识别到的钓鱼平台

铁塔视频识别到的疑似非法采砂行为

3. 全程监管重点问题整改

2024 年河湖长制暗访片通报了株洲市炎陵县沔水十都镇车溪

炎陵县沔水十都镇车溪村段违规设置砂石加工厂问题整改前

炎陵县沔水十都镇车溪村段违规设置砂石加工厂问题整改后

怀化市溆浦县三江镇大花村段违规设置砂石堆场问题整改前

怀化市溆浦县三江镇大花村段违规设置砂石堆场问题整改后

铁塔视频识别到的永州市道县白马渡镇建新村乱建问题

永州市道县白马渡镇建新村乱建问题现场核实

村段违规设置砂石加工厂问题,以及怀化市溆浦县三江镇大花村段违规设置砂石堆场问题。相关部门利用可视范围内的铁塔视频,对上述问题的整改推进情况进行了实时监测,并及时反馈图像资料。

4. 为督查暗访提供线索

每日从铁塔视频提取的海量各类监测管理信息,经坐标转换后筛选出河湖管理范围内的问题线索,为督查暗访工作提供了可靠的线索来源。

5. 实现智能"接力"巡河

目前，部分列入名录的河流已基本实现铁塔视频监测全流域可视全覆盖。借助铁塔视频"接力"的方式，能够完成智能巡河，为河长巡河提供了新的方式，大幅提升了巡河工作效率。

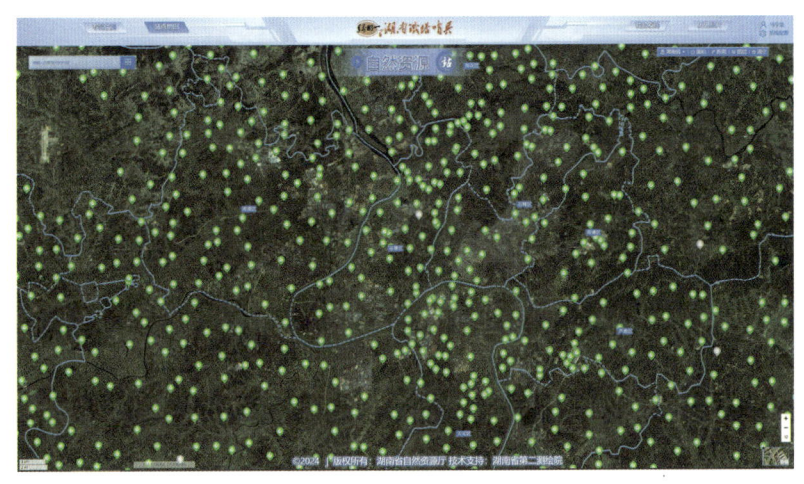

铁塔视频站点分布情况

【经验启示】

（一）推动河湖长制走深走实，必须丰富数字孪生水利监测感知体系

按照水利部的要求，大力推进数字孪生水利建设，加快构建天、空、地、水、工一体化监测感知体系，加强重大水利科技攻关，健全完善水利技术标准体系，以水利新质生产力推动水利高质量发展，保障我国水利安全。利用铁塔视频监测点多、面广、高清等特点，构建起遥感影像、实时图像、数据互联的立体监测感知体系，实现数据物联与感知互联的融合，更加高效、精准地实现水资源配置。

（二）推动河湖长制走深走实，必须拓展河湖管理智能监管的新模式

铁塔视频监测实现了监测工作从遥感影像向实时图像的转变，弥补了卫星遥感影像在时效性、清晰度、准确性等方面的不足，真正做到有图有真相。随着铁塔视频布点覆盖河湖管理范围的面积逐步扩大。铁塔视频监测还可广泛应用于各级河长日常巡河工作，在降低巡河工作强度的同时，有效提升巡河工作成效。

（湖南省自然资源厅供稿，执笔人：唐少刚、杨展、马宇荣）

湖南省河湖长制 工作创新案例汇编

公众参与

全民参与共治 绿水青山共享

——浏阳市全面开展河长制宣传教育"七进"工作

【导语】

浏阳作为典型的水利大市，境内有浏阳河、捞刀河、南川河等湘江一级支流，流域面积50平方千米以上河流36条、10平方千米以上河流151条、小微水体3万余处、各类水库145座、山塘6.45万口，水生态保护任务十分艰巨。

自河长制实施以来，浏阳市将人与自然和谐共生的生态文明理念与动员广大人民群众参与河湖保护治理的理念高度融合，积极营造"全民参与、人人护河"的良好氛围，加快形成全民爱河护河的强大合力。

为进一步提升河长制工作的影响力，为建设幸福河湖营造日益浓厚的舆论氛围，浏阳市以宣传教育"七进"活动（进机关、进学校、进村庄、进社区、进媒体、进园区、进企业）为载体，整合各种宣传资源，不断创新宣传教育手段，大力宣传河长制工作中的新思路、新举措、新进展、新成效，营造全社会关爱河湖、保护河湖的良好氛围，广泛动员群众参与水生态保护，引导社会各界力量共建共治共享幸福河湖，实现了河长制在全市范围的全覆盖。

【主要做法】

（一）"一盘棋"推进，让母亲河治而有方

1. 牵头抓总推

浏阳市河长办创新方式，于2023年5月制定下发《2023年浏阳市河长制宣传教育工作"七进"实施方案》。组织全市乡镇（街道）和成员单位，深入学习习近平生态文明思想，及时跟踪工作热点、发现工作亮点、关注工作重点、聚焦工作难点。通过"条块结合"的方式，广泛宣传河湖保护政策法规、知识常识、成绩成效以及先进事迹，全面畅通社会监督举报途径。

2. 建强载体管

全市 32 个镇街全面建立"河小青"行动站，"河小青"注册人数达 1100 余名。2023 年开展"清河净滩"行动 88 次、"巡河护河"志愿服务等活动 150 余场。各镇街均做到了有组织、有制度、有阵地、有队伍、有宣传、有活动。全面深化"官方河长＋民间河长"的"双河长"体系，出台《民间河长管理办法》《"九项权利""九项义务""九项禁止"三项处罚措施》，以"日常监督＋集中活动"的形式，充分发挥全市 424 名民间河长的作用，每年监督解决问题 600 余个。

2023 年 1 月，组织浏阳市小记者协会小记者开展巡河护河活动

2023 年 8 月，联合团市委、"河小青"行动中心组织"燕归巢"返乡大学生开展水源地保护知识学习、净滩行动、水文化馆参观等活动

3. 全域全员治

推进湘赣边和周边区、县（市）区域合作，实现跨省、市、县以及境内镇与镇之间所有河湖全部签订合作协议。联合江西省宜春市万载县、株洲市荷塘区、长沙市长沙县等周边区、县（市）开展爱河护河活动，推动上下游、左右岸共享共治。强化群众监督，建设"浏清如许""智慧河湖"平台，畅通群众举报投诉渠道，有力发动群众参与河湖监督。

2023年8月，联合江西省万载县开展"我是河小青，美丽湘赣边"爱河、护河志愿者活动

（二）"一张网"覆盖，护母亲河万顷碧波

1. 抓校园活动强学生意识

浏阳市河长办联合教育局印发《2023年浏阳市河长制工作中小学实施方案》，在全市各学校全面开展河长制宣传教育工作。通过举办河湖保护知识竞赛、班会课、国旗下的河湖保护科普宣讲、"爱护母亲河"主题硬笔书法竞赛、"小河长青少年环保志愿行动"主题徽章设计等形式多样的主题活动，培养青少年的水生态保护和涉水安全意识。同时，联合团市委、浏阳市红领巾电视台、小记者协会，组织"燕归巢"暑期返乡实习大学生和中小学生，开展系列爱河护河实践行动。2023年，打造蕉溪中学、百宜小学等6所河长制工作示范学校，评选"争当小河长，保护母亲河"绘画优秀作品317份，使爱河护河意识深入广大师生心灵。

2. 抓党建活动强党员认识

利用主题党日，组织全市6万余名党员集中学习河长制知识。结合村（居）民代表联系服务群众工作，以及"小区管家、民情直达""村民说事""屋场夜话"等特色品牌活动，推动爱水护水进社区、进村组、进屋场。充分发挥党员先锋模范作用，组建党员巡护队。共成立307支党员志愿队伍，每支队伍每月至少组织

在浏阳市达浒镇建成湖南省首个县级水文化园和水文化馆

一次河湖及小微水体管护活动，每年参与人数超 2 万、疏浚沟渠达 1.5 万余千米。

3. 抓科普教育强各界共识

紧扣"世界水日""中国水周"等时间节点，将《中华人民共和国防洪法》《中华人民共和国河道管理条例》《浏阳河管理条例》等法律法规融入各类宣传活动，向群众普及河长巡河规定、涉水违法行为界定及群众举报电话等知识。组织开展"河长制"知识微信竞答活动，参与人次达 14.66 万。通过河长制宣传折页、横幅、楼宇电梯广告、村村响广播、知识讲座等形式，持续提升各界群众爱水护水的共识。自 2023 年以来，在全市城区住宅小区及 15 个商圈门店等人流密集处，共设置宣传点位 610 个，每个点位每天播放宣传视频 400 次，印发宣传折页 6 万余份，利用村村响平台播放宣传广播超 30 万次。

（三）"一杆旗"立标，让母亲河永享安澜

1. 兴水惠民，示范引领"树标杆"

2023 年，浏阳市高标准完成 5 个长沙市级、5 个浏阳市级小微水体管护样板片区、31 个"一乡一亮点"、1 个"一县一示范"项目的创建工作，对已建成的 24 个小微水体样板片区和 6 条美丽幸福河开展"回头看"工作，创新推进"平安河湖"创建活动，扎实做好河湖管护的后续工作。在镇头镇土桥村，建成长沙市首个河长制进校园示范阵地；在高坪镇志民村小微水体管护示范片区，2021 年承办湖南省"湖南河小青，建功新征程"专家评审会暨河小青培训班活动，阵地建设成效显著。

2. 以水为脉，绘就水美"新图景"

浏阳市建成湖南省首个县级水文化园和水文化馆，对水资源、水环境、水生态知识进行集中展示，接待各地研学活动 58 次，参与人数达 6000 余人，参观总人次 10 万余。此后，结合乡村振兴中的人居环境打造，依托水利工程设施、岸线资源、小微水体示范片区等，建设水文化长廊 1 个、水文化广场 2 个、水文化公园 2 个、宣传阵地 10 余个，绘就了一幅"人水和谐"的美丽新图景。

3. 外宣推介，营造护水"浓氛围"

浏阳市充分利用各类媒体，高频次对河长制工作进行宣传，有效激发了广大群众参与水环境保护的积极性和责任感。以群众喜闻乐见的方式，创作《浏水清清》情景剧、《幸福多彩浏阳河》说唱歌曲、《印象浏阳河》短视频等系列宣传作品。联合潇湘电影制片厂拍摄电影《浏阳河上》，在全国各地引发强烈反响。开展"浏阳·清清水"河长制主题征文大赛，征集作品350余篇，深度挖掘浏阳爱水护水故事。在中央网信办、水利部组织的"高质量发展中国行"之"2023建设幸福河湖"活动中，浏阳受到了集中采访推介。2023年，上级媒体宣传推介浏阳河长制787篇（次），宣传质量系数占长沙总额的50%以上。

电影《浏阳河上》首映

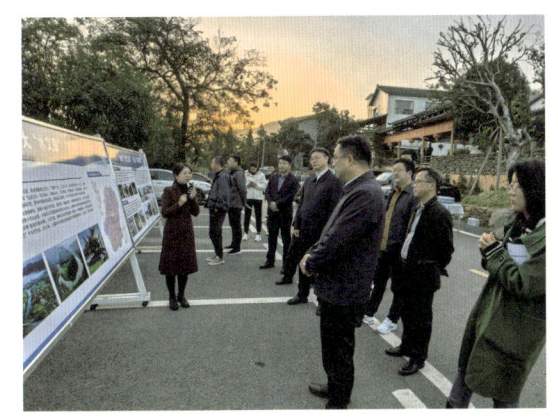

2023年11月，中央网信办、水利部组织的"高质量发展中国行——2023建设幸福河湖"网评品牌活动对浏阳进行集中采访推介

浏阳市全面推进河长制宣传教育"七进"活动，显著提升了社会各界和广大群众保护河湖生态环境的责任意识和参与意识。

1. 激发了全民护河的热情热潮

河长制"七进"活动的开展，不断提高群众对河长制工作的知晓率和满意度，赢得社会各界的理解支持，促使其主动参与管护河湖环境管护。在此过程中，催生一批"民间河长""河小青"志愿者队伍，推动全民逐渐养成爱水管水、节水护水的良好习惯。

2. 强化了主动作为的履职意识

河长制宣传教育"七进"活动，不仅增进了广大群众对河长制相关知识的了解，更提升了单位与个人的思想认识与工作能力，各级河长、成员单位进一步强化河湖管护工作责任，更加积极主动地开展工作，做到了把功夫花在平时、下在日常，保证工作项项过硬、时时过硬、人人过硬。

3. 取得了全面优异的工作成果

浏阳市抓早抓好、统筹推进各项任务，不仅确保浏阳河出境断面水质持续稳定达到Ⅱ类标准，捞刀河、南川河水质稳定达到Ⅲ类及以上标准，还在2023年圆满完成三大干流"清四乱"、水土保持、最严格水资源管理等73项年度综合治理任务。其中，浏阳河一级支流大溪河获评湖南省"幸福河湖"，河长制工作荣获长沙市人民政府真抓实干督查激励。

【经验启示】

（一）群众参与是关键

人民群众的满意度与获得感，是检验"美丽河湖"建设成果的最终标准。因此只有宣传动员工作做到位，让群众广泛参与，才能起到事半功倍的效果。"美丽河湖"建设讲究"三分建，七分管"，只有建管并举、并重，着力做好河湖后期管护工作，并发动全社会共同参与，才能确保一系列治水措施得以常态长效施行，让河湖持续为人民释放红利。

（二）健全机制是基础

一方面，要健全公众参与机制，做实河小青行动站的提质工作，规范民间河长队伍的建设与管理，充分发挥其宣传治河政策、监督河长履职、收集反馈民意等作用；另一方面，要畅通社会监督机制，及时更新河长公示牌，推广并优化"浏清如许""智慧河湖"平台，畅通群众投诉举报和监督渠道，使普通市民从"旁观者"转变为"参与者"，形成河湖管护的强大合力。

（三）示范带动是推手

注重培育治水过程中涌现出来的先进典型，总结提炼工作中积累的好经验、好方法。通过树立标杆、宣传示范，切实引导群众树立"水是生命之源、生产之基、生态之要"的环保意识，推动河长制工作从"有名有责"向"有能有效"转变。

（浏阳市河长制工作事务中心供稿，执笔人：彭志龙、赵丹）

湖南省河湖长制 工作创新案例汇编

幸福河湖建设

人水和谐　幸福涟源

——涟源市推进湄江幸福河湖建设

【导语】

湄江是湘江支流涟水的一级支流,也是涟源市境内的主要河流,全长73千米,流域面积725平方千米,流域总人口约50万。

涟源市牢固树立"绿水青山就是金山银山"的理念,深入推进湄江幸福河湖建设项目。该项目涉及湄江干支流的多个河段,涵盖伏口镇、湄江镇、龙塘镇、桥头河镇和渡头塘镇等地,总投资达2.35亿元。在设计上,坚持了"水安全、水资源、水环境、水生态、水文化、水产业、水管护"七大要素,以河湖长制为主线,运用河道清淤疏浚、岸坡整治、拦河坝改造、生态修复、信息化平台建设等方式,采取集中供水厂改(扩)建、污水处理厂建设等措施,全面提升湄江河流生态健康水平。同时,涟源市创新推行党建引领河长制模式,激发河长制活力。以"人水和谐·幸福涟源"为主题,通过举办"中国水周"主题宣传系列活动,组织志愿者、市民参与水利环境保护和节水知识学习,为幸福河湖建设助力。

【主要做法】

(一)坚持高起点布局,全力打造样板工程

涟源市是2023年湖南省唯一纳入全国幸福河湖建设的县(市),湄江幸福河湖建设项目总投资约23571万元,其中涟源市地方配套资金16897万元。涟源市坚持高起点布局,委托南京水利科学研究院编制《涟源湄江幸福河湖建设项目实施方案》,由长江设计集团有限公司进行勘测设计。项目设计遵循"总量适宜、布局合理、景观优美、人水和谐、城水共融"的要求,秉持新发展理念,以娄底市旅游发展大会为平台,以湄江风景区为龙头,以博盛生态园为节点,以湄江为纽带,着力将湄江流域打造成"安澜—健康—宜居—智慧—文化—发展"的幸福河,树立全国幸福河湖样板。该项目的建设推动了旅游发展与文化建设、生态保护、城市发展与乡村振兴的深度融合,不仅助力当地旅游业的发展,提升湄江

河流的生态观赏价值，吸引更多游客前来观光游玩，还为实现乡村全面振兴和区域经济社会高质量发展提供了强大动力。

湄江河口生态湿地公园（涟源市水利局　刘文峰　摄）

（二）坚持高规格推进，全速推动项目落地

为确保工程建设项目高标准、高质量如期竣工，娄底、涟源市委、市政府主要领导多次亲临现场，对项目的推进情况进行督导检查与指导，解决工程建设中的疑难问题，加速项目推进。涟源市人民政府组织涟源市水利局等相关部门成立专门的项目指挥部，下设工作专班，明确各方责任。在项目实施过程中，各乡镇和相关单位协同配合，形成良好的合力。在项目实施中，抓实项目调度，实现高效施工组织。严格按照上报湖南省水利厅的计划倒排工期，狠抓施工质量，将责任明确到施工班组、细化到施工人员，有序开展日调度、周

湄江东石山河段治理工程

调度，跟进施工进度与质量。同时，确保班组劳力匹配、资金支付到位等要素落实，保障了项目建设施工质量和进度。通过完成伏口镇芭蕉塘、红卫桥段、湄江镇四房村段、桥头河镇桥东段岸坡整治，有效提高了湄江沿岸21.2万余人、6.8万亩农田的防洪标准。2023年，受降雨和上游来水共同影响，涟水支流湄江桥头河镇河段水位达到109.67米，相应流量677立方米每秒，洪水涨幅3.15米。幸福河湖项目建成后，湄江安全渡过主汛期，河流防洪能力显著提升，水质环境得以改善，当地洪涝灾害风险减轻，沿岸居民的生产生活条件得以优化。

（三）坚持高效能节水，提高流域用水效率

涟源市在湄江河安化—涟源缓冲区、湄江河涟源市、湄江河湄江镇—渡头塘开发利用区的3个取水口监测点及28处集中供水工程的基础上，对已建成的10000立方米每天的涟源市湄塘口集中供水厂进行改造，并扩建20000立方米每天的供水规模，拓宽了区域的供水范围，完善了现状节水设施，提升了供水质量，覆盖湄江、七星街、伏口、龙塘、安平、桥头河6个乡镇，惠及人口约40万，集中供水率达100%，满足了人饮、灌溉、园区发展等用水需求，有力支撑了流域经济社会高质量发展。同时，涟源市全面推进节水型社会建设，秉持节水优先、循环利用的理念，通过建设涟源市伏口镇污水处理厂工程，开展入河排污口专项整治，加强污水处理，收集雨洪水，挖掘非常规水资源潜力，提高用水效率，为当地生态环境保护和水资源管理提供可持续保障，为以生态优先、绿色发展为导向的高质量发展奠定坚实基础。

（四）坚持高标准建设，综合治理河道水环境

通过实施涟源市伏口镇污水处理厂工程（一期）、湄江镇废弃煤矿区地下水污染治理工程、历史遗留矿渣重金属污染综合治理工程、桥头河镇生活污水集中处理及管网工程、沿河散居农户生活污水分散式处理工程、河道污染底泥综合治理等重点工程建设，对主要支流伏口河、湄塘河、东石山河、桥头河，以及河道所涉沙坪煤矿、栗四煤矿、大吉坪煤矿、洞庭煤矿老井等进行整治，化解了河道重金属污染威胁，有效消除了当地生活污水对湄江的直接污染，显著提升了居民用水安全保障水平，改善了生活环境。同时，开展农村人居环境整治三年行动，加快推进农户无害化厕所建设与改造，实施厕所粪污治理。针对湄江干流沿线500m范围内未设置生活污水处理设施的农户，建设单户四格净化系统或连片小型人工湿地。目前，重点镇污水处理设施达到全覆盖，农村生活污水收集处理率达到90%。河道水质优良率达到100%，省控湄江入涟水口断面水质保持Ⅱ类及以上标准，主要断面生态流量达标率达到100%。项目的顺利推进，不仅为当地经济社会发展和生态环境保护注入了新的动力，也为全市生态文明建设提供了有力支撑。

（五）坚持高质量管护，全民共享幸福河湖

涟源市在项目建设期间，全面检查河长制体系建设情况，创新推行"党建+河长制"工作法，建立"碧水支部"。目前已建立"碧水党支部"38个、"碧水党小组"196个，构建起"党支部+党小组+党员"三级巡河护河体系。党员干部化身政策"宣传员"、治水"协调员"和巡查"监督员"，形成"碧水支部引领、党员示范、全民共建、共护共享"的河道管护新格局，不断推动河长制工作走深走实。"碧水支部"以"三会一课""守护幸福河湖"主题党日为依托，常态化开展

中共湄塘河湄江镇碧水支部主题党日活动

以环境卫生整治、河道保洁等为主题的巡河活动。在巡河过程中，及时发现并清理河道范围内的"四乱"问题，同时开展河库"清洁志愿服务"，以及河长制进校园、进社区、进党校等活动，确保涟源市辖区内河湖问题动态清零。涟源市水利局积极响应国家号召，组织"中国水周"系列宣传活动，以"人水和谐·幸福涟源"为主题，不仅增强了当地民众的爱水护水意识，还进一步营造了良好的水利环境与社会氛围，促进社会各界的共同参与和支持，增强项目的社会影响力与可持续发展性。

湄塘河岸水文化基地

（六）坚持高品位美化，水文化宣传深入人心

涟源市以湄江治理为主线，紧密结合湄江风景区的旅游优势，深入挖掘水文化资源，打造湄江河口生态治理湿地公园。通过实施清杂与岸坡整治、河道清淤疏通、格宾石笼生态护岸建设、亲水平台及栈桥建设、水生植物恢复、环保宣传驿站建造、江白坝加固改造等生态廊道建设项目，融合蜿蜒河道、古桥、溢流堰等水形态、水工程资源，新增生态治理及滨水生态空间长度约27.4千米，重现清水绿岸、鱼翔浅底的生态面貌，综合打造高品质的水景交融、和谐共生的生态风景长廊。以生态廊道、湿地公园等为载体，以水系、工程为依托，采取"工程+文化"等形式，在河道两岸建设两处水文化及地方文化弘扬展示与科普教育基地，既满足了人民群众对休闲、疗愈身心的需求，又大力传播水文化，营造出全社会护河、爱河、节水、惜水的浓厚氛围，让"幸福湄江"真正做到源于人民、为了人民、造福人民。

【经验启示】

（一）幸福河湖建设，要发挥河长领治作用

在项目建设过程中，总河长亲临一线、靠前指挥，湄江流域市、县、乡、村四级河长同向发力，协调解决问题，打通项目推进中的难点堵点，构建了河长牵头领治、部门积极履职、乡镇全力配合的工作格局，为项目的高质高效实施提供了有力保障。

（二）幸福河湖建设，要突出流域系统治理

湄江幸福河湖项目秉持流域系统治理思路，统筹发展和安全两大要素，按照"水安全、水资源、水环境、水生态、水文化、水产业、水管护"七大要素，以河为脉络，串联起湄江沿线生态农业、观光旅游、文旅休闲等特色产业，全面达成了河湖系统治理、管护能力提升、助力流域发展三大建设目标。

（三）幸福河湖建设，要实现河湖长治久清

项目建设是起点，进一步巩固建设成果，持续提升人民群众的获得感、幸福感是长远目标。涟源市在完善流域河长制体系、压实各级河长履职责任方面持续发力，在充分发挥河道、堤防管理单位管护作用的同时，坚持党建引领，于沿线建立38个"碧水支部"，以基层党员带动群众参与管护，实现长效治理。

（涟源市水利局供稿，执笔人：刘文峰）

四季有花　全年有景

——长沙县松雅湖"双湖长制"探索与实践

【导语】

松雅湖是退田还湖形成的人工湖泊。成湖后，面临着管护治理机制不够完善、湖泊系统治理措施不够精准、助力经济民生作用不够充分等突出矛盾，导致松雅湖对区域经济社会发展的带动作用不足。

近年来，长沙县创新推行"双湖长制"，坚持目标导向、问题导向和结果导向，从水安全、水资源、水生态、水环境、水文化五个方面持续发力，统筹推进流域综合治理，有效提升湖泊管护治理的社会效益、环境效益和经济效益，切实增强了群众的获得感、幸福感、安全感。如今，松雅湖已建设成为长江经济带美丽湖泊、国家级城市湿地公园，成为群众最为向往的美丽幸福湖泊。此外，持续驱动建设松雅湖生态新城，为区域经济高质量发展提供了强劲动能，是践行"绿水青山就是金山银山"理念、推动长江经济带高质量发展的典型范例。

退田还湖初期的松雅湖鸟瞰图

【主要做法】

（一）坚持高位推动，凝聚治水合力

1. 突出机制引领

长沙县实施"双湖长制"管理模式，由县委副书记担任县级湖长，牵头抓总，负责协调解决湖泊管理保护中的重大问题，依法组织整治围垦湖泊、乱占岸线、侵占水域、超标排污、违法养殖、非法捕捞、非法采砂等行为。由管理单位（松雅湖生态新城发展中心）一把手担任湖长，负责统筹湖区水域岸线开发利用、日常管护、生态修复等工作。同时设置镇级湖长，负责统筹湖区外流域治污水、防洪水、排涝水、保供水、抓节水等工作，实现湖泊管理无缝衔接，彻底破除体制机制障碍。将湖长制纳入法治化管理，明确湖长管理职责和履职标准，印发《河湖长制工作手册》，制定实施松雅湖保护管理办法、设施设备维护服务外包考核细则等制度，形成湖泊管护长效机制。

湖长制实施后松雅湖良好的水生态环境吸引众多水鸟入驻

2. 突出责任引领

县级湖长定期开展巡湖工作，调度基础建设、系统治理等事项，压实湖长与职能部门责任，实施湖长逐级述职制度，倒逼湖长巡查履职。在湖区，形成"松雅湖综合管理部＋物业＋安保"的责任联动机制，对倾倒污染物、电鱼捕鱼、下湖野泳、放生外来物种等违规行为进行严格管理；在湖区外流域，形成网格责任管理体系，打通管护"最后一公里"。将湖长制落实与纪检监察部门"洞庭清波"执纪监督专项行动结合，将湖长制落实情况纳入县对镇街政治巡察、地方党政领导干部自然资源离任审计的重要内容。

3. 突出规划引领

松雅湖管理单位湖长统筹，引进资金实力雄厚、行业知名度高的社会企业，共同开发建设松雅湖。融合国内外14家知名规划设计单位方案中的亮点，形成松雅湖整体规划方案，

并聘请美国斯坦伯格设计事务所完成了7000亩环湖控规编制。县级湖长统筹管理单位湖长和属地镇级湖长，推行"多规合一"举措，将区域发展规划、水利规划、水安全规划、河湖健康评价结果整合到"一湖一策"中，分年度逐一跟踪督促落实。

（二）紧盯重点难点，实施系统治理

1. 聚焦功能综合整治

实施分区管护治理策略，投入1.33亿元建设水渡河河坝改造工程，为松雅湖补水提供充足库容。同时，实施河湖连通工程，实现松雅湖与捞刀河互联互通，成功将"死水"变"活水"。注重源头净化与湖区自净相结合，采用"植物塘＋潜流人工湿地＋景观塘"多级分段处理工艺，依据"食藻虫＋沉水植物＋水生动物"的技术原理，构建完整的水下生态系统；实施5种驳岸建设工程、138公顷的环湖植被恢复工程，形成水陆复合型生物共生的生态系统。目前，松雅湖已拥有湿地植物216种，湿地脊椎动物117种。

"植物塘＋潜流人工湿地＋景观塘"多级分段处理工艺 　　松雅湖水生态保护工程实施特征区域

2. 聚焦水质精准施治

松雅湖位于捞刀河一级支流万明撒洪渠下游，通过万明渠进行暗化处理，实现湖区与河区分离，保障湖区生态系统相对独立，对万明撒洪渠中上游分段引入绿城、美的等房地产商的社会资本，用于改造水体景观，有效净化水质。积极开展生态监测工作，动态掌握鱼类种类变化情况，通过不定期开展增殖放流活动，完善水生态系统。实施环湖污水处理一体化工程，将湖区雨水通过管道收集，经沉淀过滤排入松雅湖，并借助湿地进行净化；污水则经提升泵站通过市政污水箱涵引入污水处理厂处理后排放，实现雨污分流。投资1亿元，实施松雅湖水生态保护工程，治理面积1600余亩，治理区水体透明度已达到1.5米。通过一系列措施，保障松雅湖水质稳定达到Ⅲ类及以上标准。同时，委托第三方每月多点抽样检测水质，及时掌握水质变化情况，为后续治理提供有效的数据支撑。

3. 聚焦管护全民共治

多渠道汇聚湖泊"守护者"，全方位凝聚湖泊管护"生力军"。投入1000余万元引入物业公司实施物业化管护；建立"河小青"行动中心，探索形成"河长办+团县委+高校+自媒体"的"河小青"志愿服务运营模式；组织400余名志愿者致力于松雅湖管理保护工作；以"世界水日"、"中国水周"、赛事活动等为契机，开展系列宣传活动，定期举办讲座、组织座谈交流，并表彰"最美民间湖长"；联合环保公益组织成立松雅湖湿地自然学校，学校开学至今已累计开课249期，开展冬夏令营活动20期，举办志愿者培训10期，共吸引了约6000名中小学生报名参与。

赛事活动及自然课堂

（三）着眼经济民生，夯实基础建设

1. 充分挖掘文化特色，全面完善配套设施

挖掘当地水文化，借助关羽广场、湿地学校、松雅书院、湿地保护文化走廊等载体，宣扬湖泊保护治理理念，传递廉洁文化、法治文化、节约用水文化等。建设10千米环湖通道，为群众提供举办大型自行车、跑步等运动赛事场所。沿线设立直饮水站，满足周边群众休

松雅湖湿地公园亮化效果

闲、娱乐、运动时的饮水需求。打造波浪码头，既为水鸟提供聚集嬉戏场所，也为群众提供最佳观赏绿地。建成金沙银滩、足球场、儿童游戏场、老年人活动场地等，满足不同年龄层次人群需要。打造松雅湖水杉、爱情树、美人蕉花海等多处网红打卡点，营造出"四季有花，全年有景"的游园环境，实现"白天看绿化、晚上看亮化"的景观效果。近年来，松雅湖年均游客量达480万人次。

周末松雅湖游客游览盛况

2.科学运用科技赋能，建设智慧安全湖泊

实施全湖隔离防护栏工程及修建亲水游览步道，运用分布式交互管理、5G云广播等智能化系统，适时播报观景点特色、典故、水文化知识、背景音乐等内容，及时播放语音通知、紧急广播等信息，采用声光警戒、智能喊话、预设广播等方式，全方位织密安全防护网，既为游客提供高品质的旅游体验，又为管理单位提供应急管理决策参考。同时，结合智慧监控、智能无人机等技术手段，实行24小时巡护，全力保障湖区游客安全。

3.持续提升湖泊品质，助力区域经济民生

在前期持续建设的基础上，2023年启动实施湿地公园整体提质工程，以构建"山水林田湖草沙"生命共同体为目

松雅湖未来科技城规划布局

标,着力打造"生态系统健康、科教设施完善、文化内涵丰富、旅游条件优越、居业游娱互动"的湿地自然公园,进一步提升松雅湖区景观品质。落实湖南省"三高四新"战略,一体融合推进松雅湖未来科技城,秉持"产城融合、产业兴城"的发展理念,推进实施科技生态园、产业配套、中森新兴产业教育培养基地、永旺梦乐城、路网建设、毛塘铺工业园污水处理厂等一系列项目,助力经济社会高质量发展,不断增进民生福祉,让产城融合开拓出新的发展局面。

【经验启示】

(一)破除体制机制障碍,需坚持制度引领、协调联动

体制机制是河湖治理的根本保障,只有以完善的制度引领,厘清问题根源,明确治理标准与责任,才能确保河湖治理工作有章可循。同时,河湖治理涉及多个部门和主体,彼此间应打破壁垒,建立有效沟通渠道,坚持协调联动,共同发力。通过信息共享、密切沟通、联合行动,形成治理合力。

(二)找准河湖治理举措,需坚持聚焦问题、综合施治

面对河湖治理难题,首先,需精准聚焦实际存在的问题,展开全面排查,摸清底数。其次,要着眼问题精准施策,进行综合施治。从水系连通工程、生态湿地建设、加强水质监测、污水收集处理、人工增殖放流、专业物业管护、志愿队伍护水、严格检查执法等方面出发,多手段结合,不断提升河湖面貌和生态环境。

(三)助力区域经济民生,需坚持配套建设、文化挖掘

良好的河湖治理成效对促进区域经济民生有重要意义。一方面,要不断完善河湖配套建设,提升河湖环境品质,带动区域商业繁荣和经济发展;另一方面,紧密结合实际,深入挖掘河湖文化,打造特色水文化休闲"名片",让河湖成为推动区域经济民生发展的新引擎,实现生态与经济的双赢。

(长沙县河长办供稿,执笔人:徐永常、陈聪、盛取振)

一江碧水入城来　碧波荡漾绕潇湘

——永州市冷水滩区建设湘江幸福河的探索与实践

【导语】

湘江属长江流域洞庭湖水系，是湖南省内最大的河流，流经距离长，跨越区域多。湘江冷水滩段流经蔡市、岚角山、曲河、梅湾、上岭桥、黄阳司等11个乡镇、街道，全长76千米，左右两岸支流12条，其中芦洪江为冷水滩区境内湘江的最大一级支流。

冷水滩区立足工作实际，以河长制为制度依托，创新工作方法，围绕"水清、河畅、岸绿、景美"的治理目标，通过系统治理与综合治理，推动湘江治理体系和治理能力现代化，持续改善河流面貌和生态环境，使湘江母亲河面貌焕然一新，为河流治理积累了可复制、可推广的经验。

【主要做法】

（一）坚持河长制引领，强保障

1. 党政领导亲上阵，强化工作体系建设

各级党政主要领导亲自"挂帅"，建立并完善三级河湖长工作体系。各级河湖长累计巡河8300余次，发现并整治湘江涉河涉水问题120余个。

2. 设置河流管护员，强化责任建设

分级分段设置河流管护员，将责任落实到网格。冷水滩区湘江段共有河流管护员42名，由河道保洁员兼任，负责河流日常管护、保洁工作。工作经费列入财政预算，统一调拨，确保工作责任不缺失、不缺位。

3. 建立湘江河长制工作长效机制，强化制度建设

冷水滩区委、区政府认真贯彻落实《湖南省湘江保护条例》，先后出台8份关于湘江综合治理的专项文件，对湘江的河道保洁、排污口整治、"四乱"问题整治、妨碍行洪问题整治等均作出明确要求，为持续做好湘江的生态保护工作提供了有力的制度保障。

河面治理前后对比

排污口治理前后对比

（二）干支流同管同治，促成效

1. 坚持湘江主河道治理与生态廊道建设相结合

突出重点保护，大力开展水资源保护工作，完成了集中式饮用水水源保护区的划定和调整，划定水功能区 8 个，其中重要饮用水水源地 3 个，湘江冷水滩区段水质均为Ⅱ类及以上标准。突出源头治理，实施水污染防治行动，对湘江干流排污口进行全面排查，最终确定交办冷水滩区的入河排污口 111 个，目前均已完成整治，建设城镇污水处理厂配套管网设施 5 座，并全部投入使用。加大经费投入，累计投入河道保洁经费 850 万元，聘请保洁员 264 人次；累计清理河道及河岸垃圾 4200 余吨，保障湘江河面清洁。突出问题整治，开展涉河涉水问题专项整治行动，调查核实河流问题清单 8 处，开展"清四乱"执法活动 20 次，投入专项经费 270 余万元，投入执法力量 260 余人次，罚款 2.9 万元，清理非法占用河道 6 千米，清理乱堆垃圾 60 万立方米，整治砂场 4 处，拆除网箱养鱼设施 5 处，拆解采运砂船 76 艘，拆除河西桥头临时农贸市场等影响饮用水水源地环境的违法建筑约 1.6 万平方米。清理地笼渔网 20 余套，有效保护了湘江生态环境。加大湿地建设力度，永州市委、市政府及冷水滩区委、区政府历时5年，对湘江宋家洲段拆除网箱26.5万平方米，清理全部非法水上餐饮店，拆除民房100余座。如今，宋家洲公园内绿意盎然，周边水域碧波荡漾，生态得到显著修复。除宋家洲生态公园外，冷水滩区结合独特的区位优势，在湘江沿岸还建有滨江公园、潇湘公园、白石山公园等沿河休闲公园景观，这些公园已成为永州市民日常休闲的"打卡点"。

2. 坚持农村河道治理与湘江环境治理相结合

把农村河道治理作为湘江环境保护的重要任务，所有项目工程采取生态护岸、植物护坡、控制入河污染源、清理河床淤泥和垃圾等措施，打造河畅水清、岸绿景美的"生态河道"。在腊树村河岚角山项目区，将千世头等村沿河数十家生猪养殖场搬迁，并在岚角山镇开展山塘水库禁止肥水养鱼试点，从源头上控制水污染，保障了入河水清洁安全。

3. 坚持农村河道治理与建设美好乡村相结合

结合新农村建设，在楚江岚角山项目区，楚江村与岚角山镇中心小学人口密集段修建了4处亲水平台、1处休闲景观点、1条长380米的高标准沿河游道。该设施为村民提供嬉水、休闲、观赏的场所。同时，将林业发展规划和水利建设规划同步制定、同步建设，沟渠修到哪里、树就栽到哪里，农村水资源环境得到明显改善。

4. 坚持农村河道治理与休闲观光旅游相结合

在满足防洪安全的前提下，增设亲水平台、休闲设施及人文景观，将农村河道治理与当地旅游开发紧密结合，突出河道生态景观效益。在水汲江珊瑚项目区东零桥村，结合农业观光山庄和马头岭风景区，对该区域河段两岸进行绿化作业，其长度近1千米，其中种植樟树240棵、桂花树168棵，铺设草皮2.8万平方米，沿河铺设游道1.2千米。项目实施后，护岸工程与沿河山林相映生辉，成为景区的一道亮丽风景。

水上餐馆治理对比

网箱养鱼治理对比

小型船只治理对比

(三) 各部门同管同治, 增动力

1. 突出联合执法专业化, 推进 "多头执法" 向 "集中执法" 转变

针对河库管护存在多头执法问题, 冷水滩区委、区政府高度重视, 决定成立河库管护综合执法办公室, 全面整合执法主体, 集中执法权, 着力解决权责交叉、多头执法问题, 建立权责统一、权威高效的行政执法体制。高标准组建河库管护联合执法大队, 达成综合执法 "一支队伍管全部" 的目标。安排执法人员40名, 设大队长1名、政委1名, 并从公安、检察、法院、生环、畜牧、城管等部门抽调专人专职开展工作。为所有执法人员配备专业执法装备, 并组织开展集中训练。建立互相通报、联席会议和集体决定等相互衔接配合的机制, 由分管区级领导负责牵头, 制定路线图, 建立责任表, 强力推进河库执法工作。

2. 突出联合执法一体化, 推进 "权责不清" 向 "权责统一" 转变

全面明确综合执法大队的执法主体地位, 以及执法权限和范围, 按照 "监督处罚职能与日常管理职能相对分开" 的原则, 合理调整划分各部门的职能权限, 采取部门协同作战的执行方式, 从严、从快、从重查处案件, 做到了既有权、可用权、又担责, 主体明确、权责统一, 解决了 "权责不明" 问题, 避免了管理 "真空" 和执法 "空白"。通过部门联动、综合执法等有效探索, 逐步形成 "水上执法一盘棋, 联合执法一体化" 的联合执法管

理机制。在联合执法过程中，各部门各司其职，切实履行部门职责。例如，在水库污染治理专项行动中，河长办负责宣讲相关政策，生环部门负责询问、做笔录，公安部门负责调查取证等，做到了执法的全面性、有效性及合法性。

3. 突出联合执法长效化，推进"监管不力"向"监管到位"转变

坚持以法治思维治理河库污染，遵循"节水优先、空间均衡、系统治理、两手发力"的新时期治水思路，不断强化执法监管。除认真贯彻执行国家、省级有关涉水法律法规外，将完善河库监管体系作为河库健康发展的重要保障，积极组织开展形式多样的河库监管执法活动，始终对违法行为保持高压严打态势。各职能部门实行24小时轮班值守，加大水事矛盾纠纷排查化解力度，严厉打击违法违规侵占河道和非法采砂行为。为防止权力滥用，建立并实施执法责任制、重大案件集体讨论制、执法过错问责制，以及行政处罚决定公示制度，提升内部约束力，增强执法透明度，强化法治创建和人民群众监督，有效解决"监管不力、执行不力"的问题。通过联合执法，乱倒滥排、非法养殖、违法建筑、违法侵占、电鱼毒鱼等现象得到有效遏制，执法成效得到有效的保持。

（四）双河长同管同治，显活力

1. 建立"民间河长"与"官方河长"工作协作机制

"官方河长"是治河的主导者、责任人，"民间河长"是治河的信息员、监督员和宣传员，"民间河长"定期向"官方河长"汇报巡河情况，担当"助手"角色；充分发挥"民间河长"的优势，有效降低河湖监督管理成本，有力推进涉河涉水问题的整改落实。

2. 构建"官方"+"民间"河长共建机制，提升治水兴水管水能力

首先是机构共建。建立了民间河长行动中心，增强"民间河长"的归属感。其次是队伍共建。通过民间河长行动中心招募、聘任，确认"民间河长"身份，积极开展"民间河长"能力建设培训（每年不少于2次），通过政府购买服务等方式给予"民间河长"一定经费支持。再次是阵地共建。建立共同办公机制，在区水利局设置专门办公室，并配备相应办公设备；建立共同宣传推介机制，与民间河长共同开展相关活动，有效推动"民间河长"参与各类宣传方案的规划设计与活动实施。截至目前，冷水滩区招募民间河长30名，累计开展培训10余次，开展各类宣传活动120场次。

3. 构建"官方"+"民间"河长共治机制，形成协同发力的管理体系

建立明晰的责任管理机制，明确"民间河长"以社会监督人身份参与河道治理，协助"官方河长"开展治水监督工作，推动建立常态化双河长合作巡查制度和突发事件联合督查机制。优化多主体共同参与流程，建立清单制定、分解、销号的问题处理流程，明确"官方"和"民间"河长的工作重点，促进两者职能互补，拓展问题处理流程中的公众参与渠

道，规范公众参与程序，实现社会公众监督评价。截至目前，开展联合巡查42次，联合交办问题60余个，均已督促整改到位。

4. 构建"官方"+"民间"河长共享机制，打造"零距离"互动模式

建立双向信息共享机制。基于"互联网+"建设PC端、APP、微博、微信公众号"多位一体"河长制信息平台，促进治水兴水管水信息共享，建立"官方"+"民间"河长联席会议信息沟通机制。建立信息、资金与群众效益共享机制。将河长制纳入"村规民约"，打通基层群众信息上报"最后一公里"；与乡村振兴工作相结合，优先选择当地村民担任护河员、护水员、护库员，使其取得一定经济收入。

【经验启示】

（一）坚持绿色发展，生态保护是推行河长制的主要任务

冷水滩区践行绿色发展理念，将生态保护和经济社会发展同安排、同部署，以此作为河长制工作的着力点，聚焦解决人民群众关心的涉河涉水问题不放松，着力打造水清、河畅、岸绿、景美的幸福河，不断提升群众的满意度、幸福感。

（二）坚持党的领导，生态文明思想是推行河长制的主要动力

多年来，冷水滩区历届党委、政府始终将湘江治理保护置于施政的重要位置，带领人民从事湘江保护事业，接续推进湘江综合治理，致力于建设新时代的幸福母亲河，将习近平生态文明思想贯彻始终，为河流保护提供了源源不竭的动力。

（三）坚持系统治理，碧波安澜是推行河长制的主要目标

冷水滩区在治理湘江过程中，秉持系统治理的理念，全区河流治理"一盘棋"，统筹发展与安全，从多维角度谋划河湖治理，结合区位特色打造幸福河湖样本。以全面提升水安全保障为目标，坚持以城带乡、以干带支，不断巩固河流治理成效，贯彻新发展理念，推动河流治理在新阶段实现高水平、高质量可持续发展。

（永州市冷水滩区河长办供稿，执笔人：周进多、刘健、罗浩）

天下洞庭　只此南湖

——岳阳市南湖新区建设幸福新南湖的探索

【导语】

南湖水域包括南湖主湖、三眼桥湖、五眼桥湖、羊角山湖，以及王家河、北港河、南港河、黄梅港河等"四湖四河"水系。其水域面积 13.78 平方千米，集雨面积 150 平方千米，流域横跨岳阳楼区、岳阳经开区、南湖新区，流经 39 个社区（村），流域人口超 50 万。常年控制水位保持在 28 米（吴淞高程），平均水深 3 米，最大水深 9 米，蓄水总量 6513 万立方米，沿湖岸线 53.8 千米。南湖兼具景观娱乐、调洪蓄水等多种功能，是洞庭湖及长江水环境治理的重要区域之一。

南湖主湖风景照

随着城市化进程的加快，南湖水体治理面临难题。由于排水管网系统建设未能跟上城市建设同步发展的步伐，存在较多历史遗留问题。王家河因污水溢流，北港河、南港河因污水直排，均形成了黑臭水体。城区老旧居民小区的污水处理设施陈旧，大雨时污水溢流排入南湖。此外，农业面源污染情况严重。沿湖畜禽禁养工作尚未全面落实到位，周边6000多亩精养水面也未彻底退养，水生态环境日益恶化，水质降为劣Ⅴ类标准。

自2017年实施河长制工作以来，南湖新区在岳阳市委、市政府的坚强领导下，坚持以人民为中心，努力建设人民满意的幸福河湖、美丽河湖。坚决落实"截污、禁养、清淤、活水、严管"十字方针，目前南湖主湖水质已稳定在Ⅲ类标准，连续五年有效控制了蓝藻的暴发态势，水环境治理取得显著成效。

南湖主湖风景

【主要做法】

近年来，岳阳市南湖新区牢记习近平总书记"守护好一江碧水"的殷殷嘱托，深入践行生态优先、绿色发展战略，按照"截污、禁养、清淤、活水、严管"十字方针，构建"市委、市政府领导，三区主导，市直部门单位配合，全民参与，共治共享"的全流域治理保护模式，南湖水质实现大幅提升。

（一）精准谋划，共谋突破

1. 深入一线，摸清污染脉络

南湖新区各级河湖长心怀对自然生态的敬畏之情，深入南湖流域的"四湖四河"，足迹遍布沿湖企业、社区及居民点。他们与企业和社区（村）负责人面对面交流，倾听诉求；与附近年长居民促膝长谈，汲取经验。通过一系列实地走访，南湖新区对湖水污染的情况有了全面而深入的了解，为后续的治理工作奠定了坚实的基础。

2. 数据为基，精准把脉施策

掌握大量第一手资料后，南湖新区进一步加大数据分析力度。运用先进的科技手段，对收集到的数据进行深入挖掘，力求找到污染背后的深层次原因。多次召开专家会商会，邀请生态环境领域的专家学者共同把脉，为治理工作提供科学合理建议。在大量数据分析与专家智慧的碰撞下，南湖新区逐渐形成了具有针对性的治理方案。

3. 立足源头，构建治理新体系

基于前期的调研与分析，南湖新区提出了"上下联动、流域同治，标本兼治"的生态治理总体思路。旨在从根本上解决南湖流域的污染问题。一方面，南湖新区强调"上下联动"，即加强各级河湖长之间的沟通与协作，形成合力；另一方面，注重"流域同治"，即将南湖流域视为一个整体进行治理，避免"头痛医头、脚痛医脚"的片面做法。同时，南湖新区坚持"标本兼治"，既注重解决当前污染问题，又从源头上预防新污染产生。

4. 创新举措，打造治理新亮点

为将治理思路转化为实际成效，南湖新区推出了一系列创新举措。运用智能监测技术对南湖流域的水质进行实时监测；建立生态补偿机制，激励企业和居民积极参与污染治理；举办环保宣传活动，增强公众的环保意识。这些创新举措为南湖流域生态治理注入新活力，也为其他地区的治理工作提供了有益的借鉴。

南湖航拍

（二）深化改革，创新治水

为搭建河湖治理的新平台，特成立岳阳市洞庭水环境研究所，专注于水环境相关课题的研究与技术突破。同时，组建岳阳市南湖生态渔业发展有限公司，该公司承担蓝藻治理及日常保洁等核心职责。此外，正在推行一种创新的河湖管理模式，构建并完善了包括"组织领导、目标责任、监测预警、监督问责"在内的四大体系。通过实施"日巡查、周通报、月调度、季讲评、年考核"以及"点—线—面—区"网格化管理机制，确保治理措施得到有效执行并取得实际成效。还致力于开创全民共治的新局面，充分调动公众的监督力量。通过落实"河长制+党建""河长制+四联动""河长制+企业""河长制+研学"等措施，进一步助力全民共治的深入开展。

（三）精准谋划，实干担当

1. 截污

筹措投入资金37.8亿元，有序有效地动迁环湖周边片区居民1860户，完成环南湖旅游交通三圈、黄梅港湿地修复等重大生态治理工程。建成环湖主管网160千米、支管网240余千米，开展环湖34个排口（溢流口）"一口一策"整治；投入资金2.2亿元，关停并退出工业企业27家，整治污水直排企业、门店150余家。

2. 禁养

将环湖岸线1000米内划定为禁养区，取缔生猪养殖场494家、退养生猪42745头、牛羊675头，终止原精养水塘52个，并将其改建为生态涵养区。

3. 清淤

对南湖流域69条主管网、48条支管网、5189个化粪池实施常态化清淤，每季度开展管网、化粪池"双随机、一公开"抽查。拆除南湖水域矮围9800米，针对南湖水域周边小微水体开展清淤与综合治理，绿化岸线环境，修建水边栈道，搭建亲水平台。

4. 活水

制定生态补水方案，补充南湖水源。安装并优化调整环湖曝气装置1000余台，促进南湖水体微动力循环，增大水环境容量。恢复水域水生态，每年人工投放滤食性鱼类夏花500万尾、鳙鱼及白鲢140万斤；在滩涂、裸露的河床区域栽种水生植物50万株，沿南湖周边布置植物浮岛、生态浮床974平方米，以此削减水体富营养化中的氮、磷等营养物质和有机物，抑制藻类生长。

南湖小微水体整治效果

5. 严管

严格落实河湖长制，建立健全"组织领导、目标责任、监测预警、督查考核"四大体

138

系。以水质为导向倒逼治理工作，每月对9个断面进行监测，5个自动监测点位开展24小时监测，突出治理成效。

（四）以水为媒，产业惠民

在不断优化生态环境的基础上，南湖新区充分发挥独特的山湖形胜优势，深入挖掘厚重的文化底蕴。大力引进并落地了众多文旅产业项目，不断完善旅游产业的基础配套设施，成功打造了南津古渡、八仙问道、天灯引航等十大景观，建成洞庭湖小镇、渔人码头等网红打卡地。此外，推出了龟山垂钓、桨板帆船、湖边竞跑等大众运动项目，吸引大量游客参与。通过这些举措，南湖新区成功创建国家级旅游度假区，打响了"天下洞庭、只此南湖"的区域生态文化旅游度假品牌。这一品牌的成功塑造，不仅提升了国内游和城乡互动游的消费水平，更促使接待游客总人数和旅游消费总额稳步上升。目前，南湖已成为岳阳旅游休闲和对外开放的重要窗口，为南湖人民带来了更多的幸福感和获得感。

通过全面且系统的综合治理措施，南湖的水环境质量实现显著的提升。如今，南湖生态岸线率已经达到了令人瞩目的90.5%，水生动植物种群结构的完整性得到了有效恢复，接近了历史上的最佳状态。水质从2017年的Ⅴ类转变成2024年稳定保持在Ⅲ类，南湖不仅荣获"湖南省美丽河湖建设优秀案例"称号，还被评为全省"幸福河湖"。以水为媒，南湖新区立足不断优化的生态环境，独特的山湖形胜资源，深入挖掘厚重的文化底蕴，大力引进落地文旅产业项目，不断完善旅游产业基础配套，打响了"洞庭南湖"生态文化旅游品牌，国内游和城乡互动游消费明显提升，接待游客总人数、旅游消费总额稳步上升。南湖已成为岳阳旅游休闲和对外开放的重要窗口，南湖人民的幸福感和获得感日益增强。南湖地区居民在享受优美生态环境的同时，也感受到了经济发展带来的实惠，生活质量得到了显著提升。

【经验启示】

（一）科学规划与综合治理

以"截污、禁养、清淤、活水、严管"为十字方针，全面系统地推进水环境治理，体现了科学规划与综合治理的重要性。通过截污，有效阻断了污染源；禁养措施则减少了农业面源污染；清淤工程恢复了湖底的生态功能；活水工程改善了水质循环；严管则确保了各项治理措施的有效执行。这一系列举措，为南湖水质的大幅提升奠定了坚实基础。

（二）多方联动与全民参与

构建了"市委、市政府领导，三区主导，市直部门单位配合，全民参与，共治共享"的全流域治理保护模式。这种模式的创新之处在于，它打破了部门壁垒，实现了政府、企业与公众之间的良性互动。政府发挥领导作用，制定政策、规划并投入资金；三区则负责具体执行；市直部门单位提供技术支持和专业服务；而全民参与则进一步增强了治理的广度和深度，形成了共治共享的良好氛围。

（三）生态优先与绿色发展

将水环境治理与经济发展紧密结合，推进产业转型升级，体现了生态优先、绿色发展的理念。在治理过程中，南湖新区没有简单地追求水质改善，而是将生态修复与经济发展相结合，运用文旅融合等方式，实现了生态效益与经济效益的双赢。这种发展模式不仅提升了南湖新区的整体竞争力，也为我国城市内湖治理提供了新思路。

（四）创新探索与实践经验

岳阳南湖模式最可贵之处在于其创新性和实践性。南湖新区在治理过程中，敢于尝试新方法、新思路，不断探索适合自身特点的水环境治理路径。同时，南湖新区还注重总结经验教训，不断完善治理机制和技术手段。这种创新精神和实践经验，为我国其他城市的内湖治理提供了有益借鉴。

（五）示范效应与推广价值

岳阳南湖模式的成功实践，不仅提升了南湖新区的水环境质量，也产生了广泛的示范效应和推广价值。通过学习和借鉴南湖模式，其他城市可以更加高效地推进水环境治理工作，实现水环境的持续改善和经济的绿色发展。

（岳阳市南湖新区河长办供稿，执笔人：王亚丹、刘洋）

江河奔流　幸福源泉

——溆浦县推进沅水幸福河湖建设

【导语】

沅水流域涉及贵州省、湖南省、湖北省和重庆市的63个县（市、区）。溆浦县是沅水流经的河谷平原地段之一，流经溆浦县20.83千米。

针对沅水溆浦段存在的部分河道淤泥堆积，河岸乱倒垃圾渣土、水面垃圾和漂浮物打捞不及时的现象，以及河道保洁未形成常态化机制等问题，溆浦县全面落实河长制，秉持生态优先、绿色发展理念，牢记全力守护一江碧水的职责，扛起河湖管理保护的政治责任。创新采用"一河一策"与样板河道建设机制，开展水环境专项整治行动，加强水域污染源头治理工作，突出志愿服务和宣传引导作用，全力打造"岸绿、水清、河畅、景美"的沅水溆浦段幸福河湖样板。

沅水溆浦段

【主要做法】

（一）强化责任落实，提供坚实制度保障

溆浦县高度重视河湖长制度对幸福河湖建设的促进作用，以上率下、高位推动是关键所在。建立"三长两员"（河长＋警长＋检察长、乡镇办事员＋河湖保洁员）责任体系，明确各级河长 1340 名，其中县级河长 15 名、乡镇河长 269 名、村级河长 352 名；安排库长 142 名、乡镇办事员 50 名、河湖保洁员 500 名、河道警长 300 名、检察长（检察官）20 名。"长"负责督促、考核、执法，"员"负责巡查、管护、反馈，两者各司其职、协调联动，实现河湖水库监管巡护全覆盖。

（二）财政预算充足，提供坚实经费保障

将溆浦县河长办工作经费纳入财政预算，每年安排经费 40 万元。严格落实县河长联席会议制度、督察检查制度、考核问责制度和激励奖励制度。发挥部门联动执法作用，扎实开展"清四乱"整治工作，以及涉水环境污染和非法码头渡口整治工作。完成 31 条流域面积 50 平方千米以上河流河湖划界方案编制工作，埋设界桩界碑 1480 块，每一块界桩都安装有二维码，其信息涵盖该条河流划界红线、现场图片、河长设立、举报电话等基本内容，明确管控红线。

（三）开展示范创建，样板河示范引领沅水溆浦段幸福河湖打造

溆浦县于 2021 年出台了《溆浦县示范村、样板河建设方案》，确定 26 个河段作为样板河，全长 240.68 千米。投入资金 200 万元，平整河道 110 千米，疏通河道 21 处，清理建筑和生活垃圾 1800 余吨，拆除违章建筑 10 处，转运渣土 22 处，绿化河道岸线 120 千米。投入 240 万元，完成 14 条县级河流"一河一策"方案编制工作。建立"一河一策"与样板河道相结合的创新做法，以沅水溆浦段为重点，在对全县范围内的河道编制"一河一策"精准治河的同时，开展河长制工作示范村建设活动。按照"水系全通、水体全活；排口全控、河道全疏；违建全禁、污水全截；河水全清、河岸全绿"的"八全"标准，在全县范围内开展示范村创建。

河道"四乱"问题整治

共打造25条生态样本河道，为沅水溆浦段幸福河湖的打造提供上游绿水注入的坚实保障。

（四）挖掘文化潜力，提供丰富底蕴支持

在溆浦县委、县政府的部署下，相关部门充分挖掘沅水溆浦段旅游资源。目前，境内威虎山森林公园、土桥风光带、飞水洞雄狮山3A级景区、犁头嘴、屈原庙、顿旗山、龙舟文化广场等自然人文景点的开发利用，极大地推动了沅水溆浦段旅游产业的发展。投入资金1410万元，结合当地文化底蕴，打造长660米的沅水特色龙舟看台，建设一处2万平方米的水文化、河长制主题广场。投资20万元对沅水河虎皮溪段进行治理，并修建虎皮溪码头。利用沅水溆浦段现有的

河长制文化长廊

飞水洞特色旅游资源，积极融入4A级景区创建工作。同时，具有溆浦特色的古龙舟已成功申报市级非物质文化遗产。通过举办两届沅水龙舟文化节，成功吸引周边10万余游客，既促进了传统文化的传承，也为沅水溆浦段的经济发展注入新动力。

（五）营造宣传氛围，不断扩大社会影响力

1. 全民宣传常态化

积极开展"雷锋志愿者""逐梦幸福河湖""守护一江碧水""保护母亲河"等主题宣传活动，借助网络、电视、村村响等渠道形式常态化宣传，使"人人都来当河长、大家动手护生态"理念深入人心。

2. 专业宣传精准化

充分发挥"溆浦民间河长"的宣传作用，建设河长制文化长廊。目前已建成首批3个河长制文化长廊，共设立河长制文化展示牌30块，绿化岸线10余千米。大力宣传《中华人民共和国长江保护法》《湖南省河道采砂管理条例》等法律法规，让护河护水的每一条戒律生威。

3. 网络宣传通俗化

配发民间河长广场舞服装200余套，溆浦《河长巡河民谣广场舞版》在水利部网站全网直播，民族版的《河长巡河民谣》已登陆全国各大KTV。

4.志愿宣传常态化

广泛开展"溆浦河长"小红帽服务活动，成立小雷锋志愿服务队，发动党员干部、志愿者、民间河长、社会力量，成为《中华人民共和国长江保护法》的"宣传员"、文明实践的"组织员"、法律服务的"引导员"。"红马甲志愿者"已成为溆浦一道亮丽风景线。同时，溆浦县还陆续开展了河长制文化休闲亭建设等工作，把河长制文化长廊打造成河长制工作和幸福河湖的宣传阵地，不断增强群众爱水、护水、惜水意识，激发社会各界保护河流生态、共建美好家园的热情，助推河长制工作再上新台阶。

（六）严格河道执法，提供坚实基础环境

积极开展水环境专项整治行动，开展打击非法捕捞专项执法。取缔非法采砂场 21 处，立案查处 50 起；拆除违章建筑 10 处，平整河道采砂尾堆 50 万立方米；立案查处环境违法单位 53 家。投入 430 万元，完成 94 个县级饮用水水源地一、二级保护区划定和防护措施建设工作，饮用水水源水质达标率达 100%。为进一步打造沅水溆浦段河湖样板，溆浦持续强化禁捕退捕工作措施，全县 146 户退捕渔民全部签订自愿退捕申请和退捕协议，36 户 83 名退捕专业渔民全部纳入基本养老保险；扎实推进黑臭水体综合治理工作，完成沅水溆浦段黑臭水体综合治理工程，黑臭水体实现 100% 消除，启动实施乡镇污水处理设施及配套管网工程 PPP 项目 6 个。农村生活垃圾治理措施得力，全县 39 个非正规垃圾堆放点完成销号，建成双井等 8 座乡镇垃圾中转站，为沅水溆浦段河湖样板提供了坚强的基础保障。

沅水溆浦段

【经验启示】

（一）建设幸福河湖，必须完善河长制工作体系

健全"河长+巡河保洁员+警长+检察长+民间河长"责任体系，完善联席会议、专项督查、"一单四制"、考核问责等制度，建立问题发现、交办、整改、反馈的工作机制。

（二）建设幸福河湖，必须大力挖掘文旅潜力

把沅水溆浦段的幸福河湖样板的打造与文化旅游相结合，深度挖掘旅游资源，威虎山森林公园、土桥风光带、飞水洞雄狮山3A级景区、犁头嘴、屈原庙、顿旗山、龙舟文化广场等自然人文景点，其开发利用极大地推动了区域的旅游产业发展，为乡村振兴注入活力。

（三）建设幸福河湖，必须管护与监督并重

沅水溆浦段实行全线禁采、禁养、禁工业污染措施，坚持每年向沅水溆浦段投放鱼苗，切实保护河流生物多样性，营造人与自然和谐共生的良好生态环境。持续开展河湖保洁、"清四乱"、打击非法捕捞、整治排口、"洞庭清波"等五大河湖管护专项整治行动，全力守护一江碧水，显著提升群众的幸福感、获得感。

（四）建设幸福河湖，必须持续突出样板河建设

加大水利建设资金投入，将文旅建设、码头文化与部门生态建设项目进行整合，多渠道推进沅水溆浦段建设。根据项目实际情况，采取绿色新工艺建设两岸堤防，增加两岸生活驳口，既方便了人民出行，又进一步美化沅水河两岸，实现"河畅、水清、岸绿、景美"的目标。

（溆浦县河长办供稿，执笔人：黄德俊）

点燃文旅发展新引擎

——郴州市苏仙区推进郴江幸福河湖建设探索实践

【导语】

郴江,作为郴州的"母亲河",发源于五岭之一的骑田岭之巅,冲出江口峡谷后,在郴山丘岗间蜿蜒穿行,奔北而去,注入耒水,一头扎入湘江怀抱。郴江苏仙区段始于坳上镇黄泥坳村,沿途依次流经王仙岭街道、白鹿洞街道、南塔街道、苏仙岭街道、卜里坪街道、许家洞镇,最后经飞天山镇瓦窑坪村注入翠江。在苏仙区境内,河流全长44.78千米,流域面积为183.0平方千米。

自20世纪80年代以来,由于城市化的快速发展,再加上多次特大洪涝灾害的侵袭,郴江水生态环境急剧恶化,一度面临污水横流、臭气熏天的面貌,严重影响了两岸居民的生产生活。

苏仙区自全面推行河长制以来,始终以建设幸福河湖为目标,通过治理水环境、修复水生态、营造水氛围、唱响水文化等举措,全面开展郴江整治工作。同时,充分挖掘郴江水文化内涵,秉持以水兴旅、以旅彰水的理念,积极探索郴江幸福河湖的建设路径,积累了水利与文旅融合发展先行先试的经验。

【主要做法】

(一)精准施策,治理水环境

为守护好郴江的一汪碧水,苏仙区多管齐下、多措并举,以控源截污为目标导向,先后开展"水环境污染整治""碧水苏仙"等专项行动。依法取缔关闭郴江沿岸非法采选矿点及其他污染企业。累计取缔关闭非法小采选厂34家、小塑料厂9家、仓储货场8家、洗涤厂3家,向郴江排放污水及污染物的企业得到彻底整治。持续加大对入河排污口的监测、溯源、整治工作力度,落实"有口皆查清、有污皆封堵、有水皆达标"的工作目标,累计完成郴江入河排污口整治32处。同步实施郴江沿岸管网改造工程,新建城乡污水管网18千米；维修和改造城区原有管网20千米；新建许家洞、坳上、良田污水处理厂，建立管网到户机制，集中收集生活污水，经厌氧池处理后实现达标排放，日均污水处理量达2万吨。深入推进农村环境综合整治，全面开展农业面源污染治理、畜禽粪污资源化利用工作。目前，郴江沿线规模养殖场粪污处理设施配套率达100%，畜禽养殖粪污资源化综合利用率在91.3%以上。通过查清源头、精准施策，曾经黑臭难耐的郴江水质实现稳步提升，城区黑臭水体已彻底消除。目前，郴江上游水质已达Ⅱ类标准，中、下游分别达Ⅲ类、Ⅳ类标准。

郴江爱莲湖段治理前

郴江爱莲湖段治理后

（二）系统治理，修复水生态

以"内源治理、生态修复"为总体要求，苏仙区累计投入资金近20亿元，对郴江流域实施综合整治，进一步夯实水生态基础。清除河道内遗留的阻水建筑物，对郴江良田段、联盟段等淤泥严重堆积影响行洪的河段进行清淤作业，清淤量达9万立方米。经无害化处理后的淤泥用于生态护岸，实现污泥的资源化利用。对郴江沿线出现崩岸、塌岸、迎流顶冲、淘刷严重的河段实施岸坡整治，护岸工程为避免破坏自然生态系统的平衡，采用生态石笼与植生产品刚柔结合的护坡形式，减少水土流失，增加生态拦截能力，净化水质，恢复其生态功能。同时，充分考虑排涝功能，于上游河段设置低矮河坝，以满足灌溉与水生态要求；在中下游河段，结合城市景观、亲水、旅游航运需求，设置和改造闸坝。统筹推进郴江风光带建设，新建拦河坝6座，跨河桥梁15座，打造了50千米长的都邑风景线。一条水系串联苏仙湖、石榴湾公园、爱莲湖、王仙湖等大小十多个景点，形成江景、湖景、路景、房景、水景相得益彰的水生态体系，达到一坝一景、一桥一景的景观效果。通过综合整治，郴江行洪排涝功能显著提升，水域空间形态得以恢复。全流域建设生态护岸56千米，生态沟渠187千米，清淤、整修山塘385座，建成30座中小型水库水雨情监测设施。如今，郴江沿线碧波荡漾，垂柳如丝，犹如一条晶莹璀璨的玉带，滋养郴城。

郴江苏仙湖段治理前

郴江苏仙湖段治理后

（三）强化监管，营造水氛围

建立高标准河长制组织体系，全面构建以党政主要负责人为引领，以河长制责任部门为责任主体的河湖管理保护体系。以"湖南省智慧河长"平台为依托，压实河长巡河责任，打通河湖管理"最后一公里"。2023年，全区三级河长累计巡河8316人次，统筹协调解决各类涉河问题340个。开展郴江、翠江、西河等专项整治行动20余次，出动保洁人员6000余人次，打捞白色垃圾和漂浮物约8000吨。高效完成湖南省第二届旅发大会和中秋、国庆双节期间的河道保洁工作。健全"河长+检察长""河长+警长""河长+部门"工作机制，整合生环、住建、水利、农业农村等部门力量，构建联合执法监管体系，以治乱为关键，深入推进河湖"清四乱"。开展联合执法行动29次，出动执法人员1268余人次，发现并查处整改问题28个，完成疑似违法违规河湖图斑复核426个，完成"四乱"问题整改 9 个。持续抓好禁捕工作，办理非法捕捞行政处罚案件 6 起。加大宣传力度，营造出全民参与"惜水、爱水、节水、护水"的浓厚氛围。开展巡河护河志愿服务活动 5 次，累计发放水知识宣传资料 1200 余份，接受群众咨询 1450 余次。引导公众广泛参与，不断强化河湖社会监管力量，助推河湖"长治久清"。

郴江王仙湖段治理前

郴江王仙湖段治理后

（四）文旅创新，唱响水文化

郴江，自春秋战国时期楚设苍梧郴县起，便穿城而过，百代流芳，2400 多年将历史文化名城滋养。宋代，秦观留下"郴江幸自绕郴山，为谁流下潇湘去"的名句，为郴州增添了一抹缱绻缠绵的色彩。《徐霞客游记》记载："过苏仙桥，从溪上觅便舟，舟过午始发，郴之水自东南北绕。"当年，大旅行家徐霞客就是乘小船经水路从郴州城区出发，沿郴江、翠江一路北上，游览到了永兴便江，留下了"无一山不奇、无寸土不丽"的赞叹。大文豪韩愈、柳宗元，理学鼻祖周敦颐等游历郴州时，走的也是这条水上航道。

为打造郴州水上旅游品牌，重新开通千年古航道，苏仙区投入 1.98 亿元，实施郴江旅游航道建设。航道全长 10 千米，将飞天山、喻家寨、天堂温泉和 711 矿等旅游景点连通。2023 年 8 月，郴江旅游航道（一期）顺利通航，并与飞天山翠江水上旅游航线连通，使"跟着徐霞客去打卡"成为游郴州的新方式，也让瓦窑坪历史文化古村重现千年古渡昔日繁华。2023年，郴江、翠江航道沿线共带动周边村民综合收入近2000万元，其中餐饮和住宿收入100万元，水上客运收入200万元；瓦窑坪古渡码头已招商入驻商户60余家，日均接待游客数可达6000人次，新增就业创业岗位1000余个，每年创收超6000万元。

现在的郴江裕后街段夜景

【经验启示】

（一）高位推动、政府主导是基础

全面推行河湖长制，是习近平总书记亲自谋划、亲自部署、亲自推动的一项重大改革举措与制度创新，为江河湖泊湿地生态保护治理提供了路径指引和具体抓手。在河长制工作中，苏仙区坚持全区"一盘棋"思路，区委、区政府主要领导挂帅担任"双总河长"，13名区领导分别担任区级河流河长，224名镇（街道）和村（社区）负责人分别担任各级河长，各尽其责、形成合力，确保所有河库层层有人抓、段段有人管，管护压力层层传导，管护措施处处精准，有力保障全民参与支持、全程无缝衔接、全域生态良好。

（二）部门联动、系统整治是关键

建设水美乡村，推进幸福河湖创建，需坚持山水林田湖草沙一体化保护和治理，要求全面发动、全域开展、全员参与。治水是一项系统性工程，水的问题虽表现在河里，根源却在岸上。苏仙区全面构建以党政主要负责人为引领，以河长制责任部门为责任主体的河湖管理保护体系。整合水利、住建、生环、农业农村等部门力量，聚焦陆上水上、地表地下，系统推进水环境、水生态、水氛围、水文化的管理与建设，构建"共建共治共享"的良好格局。

（三）政群互动、强化监管是重点

建设幸福河湖，与每个人息息相关。要实现河湖的长效管护，就要充分发挥群众主力军作用。在推进河长制工作中，苏仙区发动全社会参与治水护河，在全市率先成立"民间河长"队伍，营造出万人治水的社会氛围。目前，"民间河长"有596人，是河湖管护的重要力量，河长们能随时随地开展巡河，一旦发现问题便及时反馈，在水资源保护、水环境治理、水污染防治、水域岸线保护等方面发挥了重要监管作用，有力推动了河湖面貌持续改善。

（四）模式创新、融合发展是动力

苏仙区开创"文旅+商业"融合发展新模式，充分践行因势利导、因地制宜的科学发展理念，积极推进河湖治理。借助湖南省第二届旅游发展大会的契机，充分挖掘历史人文资源，以水兴旅、以旅彰水，打造精品旅游线路，以生态赋能文旅产业。围绕郴江为主线，依托苏仙岭、裕后街、欢乐海岸等资源，着力推进"郴州八点半，夜空最闪亮"项目，形成"以点穿线、连线成面"的郴江城市文旅消费走廊，点燃县域经济发展新引擎，成为"走遍五大洲，最美有郴州"的生动写照。

（苏仙区水利局供稿，执笔人：吴昭生、田世稳、首家荣）

再现"山水桃花江"美景

——桃江县桃花江幸福河湖建设实践

【导语】

桃花江又名獭溪，是资江的一级支流。桃花江干流长 57.2 千米，发源于松木塘镇，流经牛田镇、石牛江镇、桃花江镇 3 个乡镇。其上游建有全市最大的中型水库——桃花江水库，河流流域面积 407 平方千米，受益人口 25.99 万。

"山水桃花江，天下美人窝。"20 世纪 30 年代，黎锦晖先生一曲《桃花江是美人窝》红遍东南亚，传唱全中国，让桃花江蜚声海内外。现实中的桃花江虽然"清水出芙蓉，天然去雕饰"，但由于河流周边集镇、村庄密集，长期以来，随着人口增加、城镇扩张、农业和工业的发展，河流存在阻水建筑物及障碍物多、河道行洪不畅、河道岸线被侵占问题突出、水污染防治难度较大、水生态保护相对缺乏、河湖管护力度有待加强等突出问题。

近年来，桃江县委、县政府以"还原桃花江、再建桃花江、振兴桃花江"为主题，围绕"河畅、水清、岸绿、景美"的目标要求，通过实施综合性、系统性的流域生态治理工程，将桃花江建设成为生态、宜居、宜业、宜行、宜游、富有文化内涵的示范片区，再现"山水桃花江"的美景。桃花江（獭溪）桃花江镇段、石牛江镇段先后被评为省、市美丽河流（段），桃花江（獭溪）入资江入河口水质稳定达到Ⅲ类及以上标准。

【主要做法】

（一）搞好顶层设计

1. 科学制定河流治理方案

桃江县委、县政府主要领导经过多次实地调研，编制了《桃花江流域生态治理工程概念性规划、一期修建性详规》，以推进乡村振兴和幸福河湖建设为目标，让老百姓实现安居乐业和可持续发展作为建设目标，构建了包含水系连通、河道清障、清淤疏浚、岸坡整治、水源涵养与水土保持、河湖管护、防污控污、景观人文八大措施的治理体系。在规划和建设方案的制定过程中,广泛征求了沿线乡镇、相关部门、人大代表、政协委员的意见,最终形成了开发建设的"一张图"。

2.组建高规格的领导机构和工作专班

成立桃花江流域生态治理项目指挥部,县委书记、县长等主要领导担任顾问,县委常委、常务副县长担任指挥长。指挥部全面负责桃花江流域生态治理项目的整体统筹、指挥协调、督促与指导工作,县发改、财政、水利、自然资源、交通运输及沿河各乡镇等相关单位作为成员单位,指挥部发挥日常总管、参谋助手、桥梁纽带作用,定期召开会议,调度项目推进中的困难和问题。

桃江县总河长在桃花江牛田段实地调研

3.整体统筹项目实施

桃江县人民政府授权县城投集团担任整个项目的业主,各分项目的主管部门分别与县城投集团签订委托协议,由县城投集团包装项目、融资融券,推进建设并承担运营职责。同时,县城投集团被授权负责全区域产业的开发和运营。沿线各乡镇及各项目主体部门协助县城投集团推进实施项目,并负责本部门项目的上级验收等工作。

(二)推进项目建设

按照"一河、两岸、三线、五点"的总体布局方案,桃花江流域生态治理项目总体分三期左右实施,计划在"十四五"期间完成全部建设任务。2023年,整合桃江县水利、发改、生态环境等部门的项目资金1.75亿元,配套0.89亿元,完成了县城至石牛江镇增塘段干流4.5千米,以及桃花江、石牛江、牛田3个乡镇的5条支流共9.2千米河道的生态治理任务。

1.全流域水生态修复

通过堤身加培、防渗治理等措施加固现有堤防,实施清淤疏浚、护坡工程及滨岸带治理;对整治河渠内碍洪严重的阻水废弃物及阻水杂草进行清理;建设滨水缓冲带和生态涵养林,使河流岸坡自然蜿蜒、整洁稳定,水生及陆生植被得以恢复,滨水生态系统恢复到较为自然的状态。

2. 全片区水污染治理

加强乡镇污水处理设施建设与改造，开展污水处理配套管网建设，实施雨污分流改造工程，全面完成污泥处理设施的达标改造工作。对沿岸工业企业污染、畜禽粪污、农药化肥等农业面源污染，以及农村生活污染问题进行集中治理，建设覆盖城乡的垃圾收转运体系和垃圾分类收集系统。实现河岸无违规排污现象，水面清洁，无有害水生植物，无明显漂浮物，水生物自然生长，水生态多样化。

3. 全流域水景观开发

结合生态景观带的旅游要求，利用流域内丰富的文化及旅游资源。通过建设拦河坝提升水位，打造芭茅洲美人湖、半马湿地驿站、牛剑桥休闲广场、牛田镇水文化园、桃花江水库观光平台 5 处景观节点，以及马拉松文化广场、生态露营基地、桃花岛、桃花坝、桃花江生态公园等一批景观。

增塘段清淤、衬砌前 　　　　　　增塘段清淤、衬砌后

城区段治理前 　　　　　　城区段治理后

（三）强化日常监管

1. 强化各级河长巡河履职

严格落实《河湖长履职规范》，桃江县委书记、县长共同签发了第 2 号总河长令《关

于进一步强化河长履职尽责的决定》，将河长履职情况纳入党政领导干部综合考核评价的重要依据，县总河长率先垂范，多次带队前往桃花江巡河督导，桃花江流域47名县、乡、村三级河长全年累计巡河1852余人次，解决河湖问题50余个。

2. 创新实施河长制网格化管理

桃江县在全市率先建立"河长＋网格志愿者"的河长制乡村网格化管理工作机制。全县划定基础网格2425个，招募专职网格志愿者2000余名，其中桃花江流域设置基础网格352个，网格员320人。2023年落实资金30万元用于奖励优秀网格。网格志愿者实现桃花江流域巡查全覆盖，结合"雪亮工程""智慧渔政"等信息化平台，及时发现并制止网格内乱倒垃圾、乱堆弃土、占河种菜、盗挖砂石、违法建房、非法排污等破坏河湖生态环境的行为，延伸了河湖管护的"毛细血管"。

3. 擦亮"河小青"志愿活动名片

桃江县组建"河小青"行动中心，不断优化完善队伍建设、阵地建设和机制建设。在沿河4个乡镇分别成立"河小青"小分队，目前登记在册的河小青294人，先后两次组织行动中心负责人前往怀化溆浦县学习先进经验。截至目前，开展各类"河小青"净滩活动53场，参与志愿者6114人次，营造出全民参与河湖保护的良好氛围。

（四）强化民生福祉

1. 打造行洪灌溉的安全带

通过桃花江流域生态治理项目建设，花苞洲大桥至益马高速桥段两岸的城关垸达到20年一遇的防洪标准，益马高速桥至增塘桥段达到10年一遇的防洪标准，极大提升了流域整体防洪能力、灌溉能力，扩充了河道水环境容量，增强了生态承载力，改善了水生态环境，使河道水质和景观得到极大提升。

2. 打造宜居宜业的民生带

通过桃花江东西两岸游步道和车行道的建设、增塘桥的改造以及上游多处现有桥梁的连接，缓解桃灰线拥堵压力，为沿岸群众出行提供更大便利，也满足了县域及沿岸群众日益增长的健身休闲需要。这里可举办欢乐跑、迷你马拉松赛事、越野自行车赛事等活动。

桃花江30千米环保毅行活动

3. 打造桃花江文化的展示带

桃江县因地制宜建设桃花江沿线涉水景观带，引进国内 20 多个品种的桃树进行集中种植，打造成为一处实景展示的桃花博物馆和桃花科普基地。沿河两岸的绿化以桃花、垂柳和水竹为主，形成桃红柳绿的沿江风光带，带动周边美人文化、竹文化、桃文化、地域特色文化的重现与融合、保护与传承，充分展示地域文化内涵。

4. 打造乡村振兴的示范带

桃江县通过马拉松广场、桃花岛、桃花坝、生态露营基地等一批景观项目的建设，以田园风光、涉水游乐、体育休闲、运动赛事、文化活动等吸引集聚人气，一期项目建成后，辐射带动桃花江、石牛江和牛田 3 个乡镇的 8 个村（社区），依托当地的资源、产业、文化优势，发展生态种养、农家休闲、农耕体验、文化追溯与弘扬等旅游周边产业，将流域两岸打造成高标准的桃花江流域乡村振兴示范带。

【经验启示】

（一）科学规划是建设幸福河湖的立足点

幸福河湖建设是一项系统工程，桃花江流域治理综合考虑社会、生态和经济等方面的需求，明确工作目标，统筹兼顾全面和重点、当前和长远、城市和农村、建设和管理，坚持一张蓝图绘到底，让流域治理和保护的资源串联成线、整合成片，提升幸福河湖建设的效率和质量。

（二）系统治理是建设幸福河湖的发力点

河湖治理涉及上下游、左右岸、干支流，要从河流实际情况出发，因地制宜、精准施策。桃花江流域治理把防洪保安、生态修复和乡村振兴等紧密结合，按照轻重缓急对全流域进行系统联治，修复河道空间形态，改善水生态环境，增强防洪排涝能力，并结合河长制配套长效管护措施，提升日常管护水平，为打造幸福河湖奠定基础。

（三）人水和谐是建设幸福河湖的落脚点

幸福河湖建设的最终目的是提升人民群众的生活质量。在打造桃花江幸福河湖过程中，相关部门整合流域内文化和旅游资源，打造集观光旅游、休闲度假等于一体的水文化景观和休闲基地，营造人水和谐共融的生态环境，让"山水桃花江"的美景再次呈现在人民群众眼前。

（桃江县水利局供稿，执笔人：侯鑫）

水美乡村　水润民心

——常宁市西塘水库建设美丽幸福河湖的实践

【导语】

西塘水库坐落于常宁市官岭镇西塘村，地处湘江一级支流宜水河下游，位于常宁市、祁阳市交界处的山区，周边生态极好。该水库于1958年建成并开始蓄水，总库容1210万立方米，是一座以农业灌溉为主，兼顾防洪保安、农村安全饮水水源于一体的中型水利工程。

近年来，常宁市委、市政府高度重视西塘水库生态保护工作，作出了保护饮用水水源、助力乡村振兴的决策。结合河湖长制工作的深入开展，围绕实现"河畅、水清、岸绿、景美、人和"的河湖水环境目标，秉持"保护优先、科学修复、合理利用、持续发展"的基本原则，通过实施河湖清障、清淤疏浚、生态护坡、水源涵养、库区管理等系统治理措施，精准施策，提档升级，深入开展水库综合治理工作，着力提升水生态质量，持续推进西塘水库美丽幸福河湖建设，服务地方经济发展，造福一方百姓。

常宁市西塘水库

【主要做法】

（一）建章立制，规范管理明责任

西塘水库管理所始终坚持"生态优先、保护第一"的原则，不断完善水库生态环境保护机制，强化制度管理，推进绿色生态发展。率先出台《常宁市西塘水库管理办法》和《常宁市西塘水库生态环境保护实施方案》等相关文件，明确职责分工，强化保障措施，积极有序地推进各项工作。

（二）强化保洁，湖光倒映水中天

为改善库区水生态环境，治理水土流失，消除防洪行洪安全隐患，西塘水库管理所制定了系统、科学的保洁清障措施，始终保持库区达到水质Ⅱ类标准，符合农村饮用水标准。

1. 优化库区保洁清障

制定河道保洁清障工作方案，配备保洁员5名，安排每年保洁清障专项工作经费1.5万元，用于添置保洁船维护及其他打捞设备设施，以此确保年度保洁清障工作有序、有力地开展。

2. 组织专项保洁行动

每年组织全所工作人员开展春节前后库区渠道垃圾清理、"垃圾清零"、"清河净滩"等行动。同时，开展支部党员主题宣传、屋场恳谈会等活动，宣传生态环境知识，增强群众环保意识。自2018年以来，西塘水库管理所深入灌区村组开展各类活动30余次，发放宣传单10000余张，走访村民2000多户，取得宣传成效明显。

3. 严抓日常管护

保洁工作是河湖日常管理的一项重要内容，也是加快改善河湖水质水环境的有效途径。保洁员做到日日有巡逻，次次大扫除，垃圾无死角。同时，注重对灌区村组村民宣传河湖保护知识，彻底改变村民向河湖倾倒垃圾的不良行为。一旦发现问题，及时制止并现场处置，杜绝了"边清边倒"的现象。据不完全统计，2023年库区共清理各类垃圾3600立方米，如今的西塘水库水面、岸堤干净无杂草，盈盈碧水倒映着白云蓝天；微波荡漾，尽显亮丽生态。

（三）清淤疏浚，为有源头活水来

要让库区"死水"变为"活水"，只有实现水系循环，使库内与库外之水形成良性循环流动，这才是库区治理的真正意义。为此，常宁市委、市政府科学调度，优先安排项目。西塘水库制定了库区入水口河道和灌溉渠清淤疏浚的年度规划和远景规划，对河（渠）道险工险段采取浆砌石护砌和水泥硬化加固等防护措施，其他河（渠）道采用生态护坡。如今，库区主要水渠得到护砌复绿，真正达成沟通河、河通库、库通江的目标，实现了"一江活水"。近年来，已完成大坝智能监控设备安装，管理所园区绿化面积达 20000 平方米，并安装路灯 10 盏。完成引水渠浆砌石护砌 500 米、草皮护坡 1000 平方米，灌溉渠清淤疏浚 30 千米、水泥硬化 300 米，抢修水毁工程 9 处、加固 2 处，库区清淤 12000 立方米。

（四）源头控制，一湖碧水向东流

水是生命之源、生产之基、生态之要，良好的水源是良好水生态的前提与基础。水源保护的成效，直接影响和制约着一个地方的饮水安全和经济社会的发展，必须予以高度重视，认真对待，切实抓好。水源地保护工作重在源头治理，且需持之以恒。围绕水源保护，主要做了以下三个方面的工作。

1. 植树种草，涵养水源得长效

西塘水库管理所着眼全局，把治水与造林等有机结合，开展绿色拓展行动，加强生态建设。除依法保护水库周边林草植被，还积极开展造林绿化，在水库岸坡种植树木 1300 株，种植草皮 4300 平方米，为山地"穿衣戴帽"，为库区"正本清源"，有效控制水土流失，用青山涵养绿水，以期达到让青山永驻、绿水长流、河湖常清的目标。

2. 加强源头控制，杜绝垃圾进入水流

在饮用水水源保护区范围内，一方面加大宣传力度，在水库周边竖立 50 块宣传牌，让"您家的饮用水来自美丽的西塘水库"的理念深入人心；另一方面联合当地党委政府，结合农村人居环境综合整治，狠抓农业面源污染防治，落实畜禽养殖禁养区和限养区制度。在水库周边砌建垃圾池 27 个，为周边村户发放垃圾桶 120 个，倡导垃圾入池（桶），统一收集处理。

常宁市西塘水库

3. 加强日常巡查和应急处置

常态化开展饮用水水源保护区的安全隐患排查、执法检查等工作，对发现的问题立查立改，不能及时整改的，制订整改计划，将责任落实到人。同时，加强应急处置能力建设，编制突发饮用水水源污染事件应急预案，建立应急物资储备点，有效预防生活饮用水源污染事件，确保饮用水水源地生态安全。

（五）水美文化，朝霞流水青山中

打通水系，让水"活"起来，推动其从单一的防洪灌溉向"水美乡村"综合功能转变。西塘水库依托当地实际和特色，以建设最美电站为核心点，深入挖掘水利文化，将水域岸线综合整治、集中连片规划与人居环境提升相结合，打造人与自然和谐共生的水美乡村新样板。全线湖岸实行生态护坡、生态挡墙、生态驳岸等生态化设计，把库坝打造成一座生态景观坝，形成一道道亮丽的风景线。梯次建设具备防洪抢险、生态漫步、骑行等综合功能的道路和交通网络，将原有坝体逐年植绿，串点连线、连线成面，使西塘水库左右支渠与库区连成一个整体，打造成为景观带。如今，站在库区主坝，满目皆绿，绿树护库，碧水映绿，西塘水库已成为当地群众旅游打卡网红点。

西塘水库管理所不断创新水源保护工作，积极探索新思路、寻求新方法，大力落实农村垃圾源头治理模式，建立健全卫生长效保洁机制，营造出全民参与治水、护水的良好氛围，不断提高水资源对辖区经济社会发展和群众生产生活的保障能力，助力乡村振兴。在定期进行的水质监测中，西塘水库的水质控制在年度监测Ⅰ类标准，为农村人居环境的改善进而赋能乡村振兴贡献应有的力量。

【经验启示】

（一）坚持解决群众所需导向

人民群众满意、农业生产所需，是检验河湖管理工作的重要衡量标准。保护和改善河湖水生态环境，让老百姓用上清洁干净的水，是服务民生、保障民生、改善民生的重要体现，是民之所望，也是争创幸福河湖的目标所向。西塘水库管理所积极践行习近平生态文明思想，以河湖长制为抓手，聚焦盛水的"盆"和盆中的"水"，坚持以满足群众所需为导向，严控管控库区生态，为当地群众提供优质的生活水源。在大旱之年，停止生产发电，全力保障灌保、确保生产，使库区周边2万多亩良田不减产；进行全天候巡查，主动做好防溺水工作，切实维护群众生命安全。通过几年的努力，库区周边群众的认可度逐步提高，并且主动参与库区保护行动中。这种良好的群众关系，为营造良好的库区生态环境奠定了坚实基础。

（二）坚持支部党员示范引领

推动河湖长制从全面建立到全面见效，需要层层压紧压实河湖长责任。西塘水库党支部充分发挥党员示范作用，坚持"党建引领、党员示范、全民参与"的"党建+河长制"工作机制，将基层党组织建设与库区水域治理深度融合。发动基层党组织引导党员带头巡河护河，党员们在河道清理、垃圾清扫、定期巡查、宣传引导等方面发挥示范带头作用，切实把保护库区生态环境的责任扛在肩上、抓在手上、落实到行动中，推动河湖长制走深走实、落实落地。

（三）坚持生态绿色发展优先

江河湖泊是自然生态系统的重要组成，也是经济社会发展的重要支撑。西塘水库坚持"优质水资源、健康水生态、宜居水环境"的目标，以水环境治理工程为抓手，在持续改善水质的基础上，逐年挤压管护经费，大力开展植树造林、清渠疏沟、净化水源工作，主动巡护库区周边林地，确保库区水生态环境不断优化。目前，库区已成为当地群众避暑打卡的热点。

（常宁市水利局河湖与水资源中心供稿，执笔人：贺佰圭、刘志忠、廖志勇）

湖南省河湖长制 工作创新案例汇编

生态产品价值实现

绿水青山就是金山银山

——凤凰县沱江生态与产业"共生"发展

【导语】

凤凰县隶属于湖南省湘西土家族苗族自治州。沱江是凤凰县境内长度最长、流域面积最大的河流，横穿县内腊尔山、山江、麻冲、廖家桥、千工坪、沱江、木江坪等乡镇。长潭岗水库是沱江河上游的主要水利枢纽工程。凤凰县在水资源保护开发利用方面成绩突出，先后被列为全国第二批水生态文明城市建设试点县、湖南省特色县域经济建设试点县及湖南省海绵城市试点县等。

2015年以前，随着凤凰县城市面积的不断扩大和人口的持续增长，沱江沿岸乱占滥用现象较为突出，大量生产生活污水流入沱江河。河道沿线雨污分流设施、环保基础设施不健全，用水方式粗放，造成河道水质急剧恶化，水生态系统严重退化，沱江水生态安全面临严峻挑战。

沱江凤凰古城段美景

近年来，凤凰县精心部署并推动河长制工作，将人与自然和谐共生的理念融入治水实践，着力打造"水清、河畅、岸绿、景美"的生态图景。以水体保护为重点，坚持综合治理、系统治理、源头治理，助力沱江母亲河水生态质量提升。立足自然生态禀赋，合理发挥沱江水资源优势，通过科学开发实现保护，促进生态与产业"共生"发展，完成生态产品价值实现。2018年、2023年沱江分别荣获"长江经济带美丽河流""最美家乡河"称号。凤凰县先后被列为全国第二批水生态文明城市建设试点县、湖南省特色县域经济建设试点县及湖南省海绵城市试点县。

【主要做法】

（一）始终坚持水体保护重点，全力呵护沱江母亲河

1. 建立健全体制机制，治河责任不缺位

修订完善《凤凰历史文化名城保护条例》，为沱江河道保护提供坚实的法律政策依据。坚持党建引领，从体制机制层面发力，压紧压实各级巡河治河责任，构建"守河有责、守河担责、守河尽责"的责任体系。强化巡查整治力度，成立由河长办牵头，相关职能部门配合的督查专班，开展不定期督查，及时通报问题并跟进整改落实情况。2023年以来，累计完成三级河长巡河120余次，解决河道"四乱"问题100余个；组织凤凰风景名胜区管理处、水利、市监等相关部门，开展沱江河两岸餐饮专项整治行动，出动执法人员200余人次，关停违规餐饮门店3家，引导餐饮门店转型2家，坚决杜绝各种污染水体的行为。

2. 持续抓好源头治理，流域生态大变样

凤凰县持续推进沱江流域绿化工程，实施长潭岗生态旅游观光带、沱江河流域生态环境修复等项目。2023年，完成植树造林5万亩。大力推进封山育林、退耕还林、防护林建设等生态工程，继续执行砍伐零指标政策。目前，全县实现森林覆盖率达75.4%，生态环境整体良好。划定生态红线划定面积274.3平方千米，禁止使用高毒高残留农药，从源头上控制沱江河污染，筑牢沱江河生态保护屏障，流域生态环境不断改善。

3. 夯实基础设施支撑，标本兼治管长远

近年来，凤凰县累计投入2亿元以上，完成沱江河污水管网收集系统建设，实现城区生活污水全部收集进管网；累计投入1.1亿元，完成官庄污水处理厂升级改造工程，有效解决了城区污水排放难题；投资1亿元以上，加快推进小溪河综合治理，着力改善沱江河水环境质量。全面完成沱江上游饮用水水源地问题整改工作，实施39个饮用水水源整治工程，惠及群众4万余人。完成退耕面积35.4亩，加快推进沱江上游风光带建设，进一

步改善沱江流域水环境。

4. 推进海绵城市建设，城市品牌大提升

加快推进凤凰县海绵城市建设试点工作，项目涵盖城市水系、园林绿地、给排水系统、道路交通等77项建设内容，旨在打造水安全、水干净、水美丽等功能于一体的水资源综合利用示范项目。项目实施后，将在增加大量农田灌溉面积、消除沱江枯水期、延长旅游旺季等方面产生多方面综合效益。在防洪工程方面，已完成河道拓宽2.34千米、岸坡整治新建护岸长度4.22千米，建成跨河机耕桥2座和景观人行桥4座；在生态景观工程方面，新建生态湿地2处，沿治理河段打造湿地科普游览区、文化休闲区，并沿河建设透水绿道和园路。

沱江上游水源地综合治理前后

（二）利用沱江水资源优势，通过科学开发实现保护

1. 坚持规划引领，夯实发展基础

沱江拥有丰富的水资源和独特的水环境，凤凰县紧紧围绕沱江山水文章，制定出台了《凤凰县沱江流域水生态系统保护与修复规划》《凤凰县城市水系规划》《凤凰县水生态文明城市建设试点实施方案》等文件。对全县水生态系统进行科学分区和分类，将加强监测管理、建立水质达标评价体系、保护饮用水水源地作为规划编制重点。

2. 坚持科学开发，释放发展活力

充分发挥市场在资源配置中的决定性作用，长潭岗水库是沱江河上游主要的水利枢纽工程，凤凰县立足自然生态禀赋，制定了《凤凰县长潭岗库区旅游综合扶贫开发规划》等规划，加快水库资源保护与开发，促进产业与生态"共生"发展，提升生态产品产业链、价值链。在水库周边实施水杉美化生态工程，为库区及沱江河下游增添新绿。完成了长潭岗库区移民局基地、火烧滩、胜花、地潭江、黑潭营、竹山等区域民宿酒店、度假山庄、景点设施、游乐场所的给排水工程；实施了长潭岗库区养殖综合整治等工程，库区生态环境得到明显提质。长潭岗水库为下游古城提供 25 立方米每秒的水量，使得古城沱江绿水长流，丰富了旅游业态，为古城文化旅游发展提供坚实保障。沱江上游被诸多游客冠以"小九寨沟"的美称。通过开发长潭岗国际旅游度假区，借助长潭岗的枢纽作用，串联起古城核心和乡村游协同发展。

3. 坚持系统推进，厚植发展优势

将沱江流域的水利工程与城市、自然景观有机融合，以水利工程为载体传播水文化、弘扬水精神，挖掘新的旅游经济增长点。积极谋划古城沱江水文资源相关项目，先后实施沱江古城游步道、沱江泛舟、沱江沿河两岸造景绿化等工程。实施了凤凰故事文化村文旅项目，该项目年销售收入超 1 亿元，直接带动 600 余人就业，对进一步丰富凤凰县文化旅游产品、推动沱江下游的延伸开发、延长游客停留时间具有重要意义。

竹山度假民宿山庄

4. 立足特色资源，打响旅游品牌

凤凰县山水人文资源丰富且特色鲜明，构成了独特的比较优势。一是古朴的历史风貌。唐垂拱二年（686 年）设立渭阳县，元朝时设五寨长官司，清康熙三十九年（1700 年）设凤凰厅，民国二年（1913 年）改厅为县，沿用至今。古城明清建筑保留完好，拥有县级以上文物保护单位 85 处；古遗址 116 处，特色民居 120 多栋，珍贵馆藏文物和各类珍稀化石 1 万余件。二是厚重的文化底蕴。苗汉文化相互交融，形成了凤凰县独具一格的地域文化。苗族银饰、苗族鼓舞被列入国家第一批非物质文化遗产重点保护名录。三是秀美的山水风光。境内有凤凰古城、十里沱江风光带、国家地质公园、南华山国家森林公园等风景名胜，还有南方长城、奇梁洞等景区。在沱江沿岸举办了"天下凤凰美"群星演唱会、

"谭盾大型音乐水上演奏晚会"、"中国凤凰首届苗族银饰节"、"第二届湘西州旅发大会"等大型活动，充分展示了凤凰秀美的山水。2023年，凤凰累计接待游客2350.2万人次，实现旅游收入225.4亿元。凤凰县成为湖南省湘西州唯一入选首批全国文化产业赋能乡村振兴试点的地区，连续6年入选全国县域旅游综合实力百强县。通过"文旅"赋能，成功打响了"天下凤凰"品牌。

【经验启示】

（一）促进人水和谐共生，必须践行习近平生态文明思想

中国式现代化是人与自然和谐共生的现代化，必须深入践行习近平生态文明思想，坚持节约优先、保护优先、自然恢复为主的方针。把生态建设摆在更加突出位置，坚定不移地走生产发展、生活富裕、生态良好的绿色发展道路，高效统筹系统治理、绿色转型和生态富民，让良好生态环境成为人民群众幸福生活的增长点、经济社会高质量发展的支撑。

（二）实现人水和谐共生，必须坚持"生态＋旅游"发展思路

凤凰县山清水秀、生态优美，是一块蕴藏无限价值的宝藏之地。沱江以人与自然和谐共生为基本目标，秉持"生态＋旅游"为发展思路，践行"全域旅游"和"海绵城市"相结合的治水理念，紧扣"水乡"和"古城"两个关键词重点发力，成功打造了"魅力凤凰""竹山乡居"等一批极富民族特色的湘西水乡品牌，为游客和居民提供了高品质的生活和旅游环境。

（三）促进人水和谐共生，必须坚持水文化的加持

凤凰县文旅产业升级离不开沱江水文化的加持，要充分发挥生态和文旅资源丰富的优势，依托沱江水文化资源培育旅游产品、提升旅游品位，让人们在领略自然之美中感悟水文化之美、陶冶心灵之美。依托水把"水乡""古城"有机结合起来，精心绘就河畅、水清、岸绿、景美的示范水体，重现"水陆并行、河街相邻"的古城水乡风貌，把凤凰县打造成国内外游客心中最美、最恋的"诗和远方"。

（四）促进人水和谐共生，必须注重"两山"理论转化

在全面建设现代化新湘西的征程中，守护好沱江的美丽福祉，把生态优势转化为发展优势，把生态资源转化为经济社会发展的资本、资金和资产，着力绘就人与自然和谐共生的精美画卷，统筹做好生态与发展的"加减法"，全力打造人民群众满意的幸福河流，为南方古城内河治理提供借鉴。

（凤凰县河长办供稿，执笔人：周犇）

好水景　好"钱"景

——炎陵县"河长制+旅游"促生态变现

【导语】

沔水是炎陵县三大水系之一，也是湘江水系洣水河的一级支流。其在炎陵县境内长56.1千米，流域面积达508.36平方千米，流域人口20多万。沔水河道两岸，不仅是炎陵县用材林、竹林的主要基地，还是炎陵县粮食生产的重要基地以及重要的旅游景区。然而，昔日的沔水，存在河岸损坏、污水直排和河湖"四乱"等突出问题。

自推行河长制工作以来，炎陵县突出"一河一策"，扛牢责任、理顺机制，综合施策、畅通河道，水岸同治、扮靓沿线，借水而兴、发展经济，积极探索将生态效益、经济效益、社会效益有机结合的"河长制+旅游"模式，致力于把沔水打造成"水清岸绿河畅景美"的样板河，使其成为湘赣边区域合作示范区美丽河湖建设的典范。如今，这里已成功蝶变为省级"美丽河湖"，成为炎陵的"水乡景观"和乡村旅游网红打卡地。老百姓吃上了"生态饭"，炎陵县也走出了一条"水经济"发展的新路子。

【主要做法】

（一）"污水河"变"样板河"

炎陵县综合施策，有序治理，逐一解决问题。炎陵县突出"一河一策"，扛牢责任、理顺机制，综合施策、畅通河道，水岸同治、扮靓沿线。

1. 推进控源截污

根据"省一号重点工程"要求，炎陵县投入资金，将中小河流治理与农村水利基础设施建设、农村安全饮水等工程纳入"三个十大建设项目"，在沔渡镇晓阳村沔水河边新建生活污水处理工程，通过管网连通，将当地村民的生活污水收集到污水集中处理池，再通过厌氧池、人工湿地，污染物经过过滤、吸附、植物降解等程序后，污水最终达标排放到沔水河。炎陵县完成沔水沿线改厕563户，农村卫生厕所普及率达85%。建设小型人工湿地污水处理设施4处，分散式人工湿地生活污水处理设施157处，有效减少二次污染问题。统筹推进农业面源污染治理，引导农民少用或不用农药和化肥，多使用有机肥，支持规模化养殖场畜禽粪污综合治理与利用，做好固液分离、雨污分流，粪污无害化处理后用于农田和果园。

2. 常态开展"清四乱"

把上级卫星遥感、暗访、现场督查等交办的问题作为"清四乱"的重中之重，成立专班、部署专案，重拳出击。对问题整改滞后的情况，通过"交办一次、提示一次、约谈一次、问责一次"的方式倒逼责任落实，有力整治了神农古镇项目、黄石砂场等一批涉水重点难点问题。对每处整改销号现场认真组织"回头看"，切实推动问题真整改、改到位。同时，在沔水沿线设立垃圾收集转运处理设施32处，实现农村生活垃圾收集"日产日清""一站式"清运，无害化处理率达到100%。

3. 打造沔水样板河

炎陵县投资1100万元对农田及居民分布集中的河段进行护岸护坡处理，防止河岸遭到进一步破坏；对河道设障或淤积严重段，采取清障、疏浚、扩卡等措施，增强河道行洪能力。目前，左右岸4000米的护岸护坡工程已完工，河道得以畅通。经过不懈整治，河湖面貌焕然一新，提高了该区域河段的防洪减灾能力，保障了区域防洪安全、粮食生产安全，改善了河流生态环境，为沔水流域的经济发展创造了有利条件。

（二）"要我治"变"我要治"

炎陵县充分发挥县级河长的带头示范作用，各级河长和河委会成员单位齐抓共管。

1. "一把手"表率各级河长尽责

炎陵县委书记、县长担任总河长，自觉主动地扛牢"守护好一江碧水"的重大政治责任，率先垂范，展现河长"守水有责、管水担责、护水尽责"的职责担当，经常性调研巡查沔水流域治理和样板河建设情况。炎陵县分管副县长担任河长办主任，高频调度，统筹协调、研判解决沔水流域治理和保护工作中遇到的新情况、新问题，不断推动河长制工作从"有名有实"向"有力有效"转变。炎陵县坚持高效落实河长制工作，各级河长闻令而动，乡镇党委书记担任乡镇第一总河长，乡镇长担任乡镇总河长；村主要负责人为相应行政辖区内的河流管护责任人；强化联村干部主体责任，对沔水水域进行巡查，及时发现并解决问题。

2. 河委会成员单位真抓实干

炎陵县水利、生态环境、住建、农业农村、自然保护区管理等部门按照各自分工，全力推进沔水河湖治理工作。强力推进小水电清理整改工作，整体拆除沔水河上游电站3座、部分拆除1座，让一泓清水永续长流。开展整治非法采砂联合执法行动，实施全面禁渔。全面推进水环境数字化监管，推动各涉水部门数据资源集约共享利用，打造集看水一张网、治水一张图、管水一平台于一体的智慧水平台，提升流域全要素统筹管理水平。

3. 全民动员共治水生态环境

炎陵县积极培育发展村党员干部先锋队、民间河长队伍，借助旅游车开展河长制宣传工作，加强宣传教育，营造治水氛围，形成全民治水的强大合力。发挥党员先锋模范作用，义务种植芦竹、菖蒲等湿水、挺水植物，在岸边种植红叶石楠等，在沔水两岸打造出一条"春可赏花、夏可乘凉、秋可赏月、冬可踏雪"的风景线。成立"民间河长"协会，引导更多群众加入"民间河长"队伍，实现了治水工作的多元性、互动性、广泛性，为全民治水奠定坚实的基础。开展河长制宣传进乡村、进企业、进社区、进校园、进机关"五进"行动，营造治水氛围，使群众的治水理念由"要我护"转变为"我要护"，从旁观者变成环境污染治理的参与者和监督者，治水满意度进一步提高。

（三）"生态水"变"富饶水"

通过综合治理，沔水环境质量持续向好，水生态系统不断改善，水生物种得到有效恢复，相较治理前，改善率提高了10%以上，水质优于国家Ⅰ类标准。美好的环境让本地居民对美好生活的获得感、体验感更强。在保护青山绿水的前提下，炎陵县将生态保护与经济发展有效结合，深度挖掘沔水流域的文化、旅游资源。

沔水样板河建设项目主要分布在炎陵县的南流村、洋岐畲族村、良田村、大江村、上老村，工程下端位于沔水河口附近，上端位于神农谷国家森林公园南流游客服务中心周边。

沔水神农谷段

神农谷国家森林公园为国家4A级旅游景区，这里群山密集，险峰如林，森林密布，拥有桃源洞瀑布、"雄狮滚绣球"石崖、白水寨瀑布、田心里清溪涧等40多处景点和大森林云海林涛，森林覆盖率高达90%以上，是一个集风景观赏和科学考察于一体的旅游佳地。这里气候环境优越，空气清新，负氧离子含量高（最高达 6.5 万个每立方厘米），又是不可多得的避暑、休闲、疗养和探险胜地。

因水而美，借水而兴。炎陵县以河长制为抓手，积极探索"河长制+旅游"模式。该县组织领导干部、专家深入研究水资源、水生态的经济价值，确定了"以水兴旅"的发展路径，努力把生态价值转化为发展价值。蓄强"水动力"。炎陵县以沔水为依托，建立招商项目库，组建水资源应用招商团队，系统谋划精品水资源开发重大平台。沿线建成神农湾酒店，发展农家乐 120 多家，打造了神农谷森林民宿、密花村彩虹民宿、凡间小院、密花生态园等一批精品民宿；规模发展炎陵黄桃、高山茶叶、中药材等功能性产品，拓展延伸水养、水旅等服务性产品。厚育"水经济"。依托 4A 级景区——神农谷国家森林公园，炎陵县大力发展沔水沿线生态旅游，建设旅游接待区，引导居民转变原有的生产生活方式，从农业向第三产业转变，发展"避暑经济"，打通"绿水青山"向"金山银山"的致富通道，实现人均增收 3000 元以上，生态旅游经济收入稳步增长。目前，该县利用便利的交通条件，以沔水为枢纽，将境内主要景区景点有效串联起来，旅游资源得到有力整合，吸引更多游客。2023 年以来，全县接待游客数和旅游综合收入分别增长 10.4%、10.3%。

【经验启示】

"既要金山银山，又要绿水青山。""绿水青山既是自然财富，又是经济财富，要牢固树立绿水青山就是金山银山的理念，坚定不移走生态优先、绿色发展之路。"习近平总书记的"两山论"，是立足我国国情的生态文明建设指导思想，是我们践行绿色发展的根本遵循。让人民群众在绿水青山中共享生态之美、生命之美、生活之美，让良好生态环境成为人民幸福生活的增长点、成为经济社会持续健康发展的支撑点，炎陵县"河长制+旅游"的实践便是践行"两山论"的生动案例。

炎陵县"河长制+旅游"的实践再次证明，坚持生态优先、绿色发展，生态环境保护和经济社会发展能够相互支撑、相互促进，拥有优质的水土风景，便能旺人气、聚财气，迎来好"钱"景。

人不负青山，青山定不负人。人与自然，不是鱼死网破的单选题，而是和谐共生、命运与共同的必答题。回答好这道命题，考验着地方领导和相关部门的站位、眼光和定力。

在保护水生态环境的基础上，能够深度结合自然生态资源挖掘优质文旅资源，实现生态效益、社会效益、经济效益的有机统一，把水资源变成聚宝盆，让老百姓借水而兴，走上绿色发展、富饶幸福的康庄大道。

（炎陵县河长办供稿，执笔人：林开利）